平凡社新書
631

ドキュメント
テレビは原発事故をどう伝えたのか

伊藤守
ITŌ MAMORU

HEIBONSHA

ドキュメント テレビは原発事故をどう伝えたのか●目次

第3章 福島第一原発一号機の爆発——覆い隠せない〈現実〉と〈安全神話〉の間で

第6章 原発事故に関するインターネット上の情報発信……193

はじめに

2011年3月11日（金曜日）午後2時46分、東日本大震災が発生、マグニチュード9・0という巨大地震が東日本を襲った。2011年12月1日時点で、この地震による死者は一万五八四〇人、行方不明者は三五四七人に上る。これまでにないスケールの、広範囲にわたる甚大な被害に見舞われた。そして、同日、地震と津波が直接の原因となり、東京電力福島第一原子力発電所（以下、福島第一原発）の事故が発生した。複数の原子炉が炉心溶融（メルトダウン）を起こすという、人類史上これまで経験したことのない過酷事故（シビアアクシデント）であった。

2011年4月12日、日本政府は国際的な基準に基づく福島第一原発事故の評価を、広い範囲で人の健康や環境に影響を及ぼす大量の放射性物質が放出されているとして、国際原子力事象評価尺度（INES）で最悪の「レベル7」に引き上げた。二五年前の1986年4月に旧ソ連で起きたチェルノブイリ原発事故と同じレベルの過酷事故であることを政府が認めたのである。

福島第一原発からの放射能の大気への放出量については、4月12日と6月6日の二回にわたり発表された原子力安全・保安院の試算によれば、最大で一時間当たり1万テラベクレルの放射性物質が数時間にわたり放出され、ヨウ素131だけでみても16万テラベクレル以上、セシウム137は約1・5万テラベクレル以上が大気中に放出されたという。これらのヨウ素換算値は約77万テラベクレルとなる。この発表は強い衝撃を与えた。しかし一方で、多くの市民は比較的冷静にこの発表を受け止めたともいえる。一号機、三号機、そして四号機の爆発による格納容器建屋の崩壊の写真から、当初発表された「レベル4」や、三二年前の1979年に起きたスリーマイル島原発での事故と同じ「レベル5」になると3月18日に暫定的に発表されたレベルにはけっして収まらないことを感じていたからである。

放射能の大気への放出量は、その後、原子力安全・保安院の試算よりも高いことが示唆されている。いずれにしても、福島第一原発一号機、二号機、三号機から合計100万テラベクレルに近い放射能が放出されたと考えられる。

それほどの深刻な事態が生起し、そして現にいまなお、破壊された建屋からは減少したとはいえ放射性物質の放出が続き、原子炉建屋の地下に溜まった高濃度汚染水の処理も困難を極めている（東京新聞２０１１年9月20日）。事故はまだ収束していない。収束まで何十年もかかる途方もない長い時間のほんの一歩を刻んだにすぎない。

チェルノブイリ事故のあった１９８６年当時、原発から直線距離でわずか２・５キロの距離にあるプリピャチ市に住んでいた四万五〇〇〇人あまりの住民は避難民となった。その後、30キロ圏内の約一三万人、さらに３００キロも離れた場所でも強い汚染が発見され、数十万人が旧ソ連の各地域に避難した。四半世紀が経過した現在でも、プリピャチ市に住んでいた住民は帰還することを許されず、原発があったウクライナ地方とその周辺地域、原発から半径30キロ圏内はいまだに高濃度の汚染地帯が点在し、人間が住めない状況にある。

福島はどうだろう。原発事故から約一年が経過したいまも、原発立地地域から半径20キロ圏内に広がる高濃度汚染地域の具体的な実態は未解明のままである。目に見えない放射性物質の放出によって、広範な地域で、森林、農地、土壌、海水、地下水が汚染され続けている。福島県とその周辺地域では、原子力安全委員会の定める指針に基づく厚生労働省の暫定基準を超える放射能がさまざまな農産物で検出された上に、各地域のきめ細かな測定値が示されないことによる風評被害も加わり、農業や漁業は大きな損害を被っている。

チェルノブイリ原発があったウクライナやベラルーシと比べ、福島は人口密度が一五倍も高い。また、山や谷が入り組んだ複雑な地形をなしている。したがって、福島はチェルノブイリとは異なる汚染の様相を示していくだろう。しかも避難地域は広い範囲にわたる。事故直後に福島の避難区域に入り調査を行った木村真三（元労働安全衛生総合研究所研究員）によれば、避難住民が住めるようになるには「原発から近距離できわめて線量の高いところは一〇〇年二〇〇年以上」かかり、「ホットスポットが点在する三〇キロメートル圏外でも、やはり一〇〇年以上先になる」（「専門家としての良心をもってデータを公開しなければならない」、『世界』9月号、岩波書店、2011年）という。半永久的な住民退去地域が残る恐れもある。彼の指摘を、私たちは、そう受け止めるべきだ。

ヨウ素131の半減期は八日、ストロンチウム90の半減期は二八・八年、そして現在もっとも懸念されているセシウム137の半減期は三〇・一年である。福島第一原発の敷地からすでに検出されているプルトニウム239の半減期は二万五〇〇〇年となる。放射性物質の平均寿命は半減期の一・四四三倍といわれているから、セシウム137でみた場合、最短でも私たちは四三年という期間にわたり、この忌まわしい物質と付き合い続けねばならない。福島第一原発の、まさに「人災」による事故は、福島の県民、そして北関東や東北に住む住民のみならず、その地域の次世代、いやその先の世代にまで放射性物質と付き合わねばならない生活を強いたのである。

本書がテレビ報道を主要な考察対象にするのは、ツイッターやフェイスブックといったソーシャルメディアが定着した現在でも、大事故や大震災という速報性が求められる緊急時のメディアとして、テレビがもっとも人びとに利用されるからである。今回の大震災と原発事故が発生してから一週間、ほとんどの人がテレビに釘付けになったのではないだろうか。

チェルノブイリ原発事故に匹敵する、人間の生命や健康に直接的な影響を及ぼすこの重大事故を、テレビメディアはどう伝えたのか。本書で考察したい課題はこの一点につきる。日本の政府は、人間の生命や健康を守ったのか。そして、同じように、テレビというメディアは、この国で生活する人びとの生命や健康を守ったのだろうか。

序章

〈3・11後の社会〉の熟慮民主主義のために

福島第一原発での水の投下の映像を見る被災者。
多くの人がテレビから情報を得ていたが、テレビはその役割を果たしていたのか
（写真＝共同通信社）

原発事故の真相を覆い隠すベール

福島第一原発事故をテレビメディアはどう伝えたか。この課題に取り組むために、はじめに一冊の本に言及しておきたい。1996年に刊行された『原発事故を問う――チェルノブイリから、もんじゅへ』(七沢潔著、岩波新書)である。この本は、史上最悪と呼ばれたチェルノブイリ原発事故の経緯と原因、事故発生から旧ソ連政府やウクライナ共和国政府(当時)がとった対応、そしてIAEA(国際原子力機関)などの国際機関や各国政府が事故原因の解明に果たした負の機能を丹念に検証した文献である。著者の七沢潔が、一〇〇人以上にわたる関係者の聞き取り調査と膨大な量の資料の解読を通じて明らかにしたのは、チェルノブイリ原発事故が実際には「国際政治も絡む精巧な『事故隠し』のベールに包まれたまま、世界にその実相が知らされずに今日に至った」という事実であった。

さらに、七沢は、チェルノブイリ原発事故と1995年福井県敦賀市にある高速増殖原型炉もんじゅで起きたナトリウム漏えい事故とを比較し、この二つの事故に共通した構造的問題を照らし出した。事故の経緯や被害の規模こそ大きく異なるものの、両者には共通する問題が露呈しているからである。

第一の共通点は、「想定外」の事故と対応の遅れである。「チェルノブイリ原発事故以前、原子炉が暴走して炉や建物が完全に破壊されるような爆発事故はありえない」といわれた。そのため、現場の運転員や管理職は炉心破壊といった事態を想起できずに、「無意味な復旧活動などを命じて、職員に大量の被曝をさせて」しまう。

もんじゅで起きたナトリウム漏えい事故では、「漏洩が起こるとすれば溶接部分であると動燃（筆者注：動力炉・核燃料開発事業団、現・日本原子力研究開発機構）は考え、その技術には工夫を凝らしていたが、今回の事故は配管にとりつけられた温度計の『さや管』の破損から始まった」。ところが、こうした中規模の漏えい事故を動燃は想定していなかった。そのために、対応が迅速に行われず、中央制御室が原子炉を緊急停止したのは発生から一時間半もたってからである。

今回の福島第一原発事故はどうか。11日午後2時46分に起きたマグニチュード9・0の巨大地震の約五六分後に来襲した津波によって発電所は水没し、多くの施設や設備が破壊された。発電所の外部にある送電線からの電力供給は断たれ、非常用のディーゼル発電機も機能しない状態に陥った。「全電源喪失」という「想定外」の事態である。これによって引き起こされる冷却機能の停止という事態に対して、吉岡斉（九州大学副学長）は「初動対策の決定的な不手際」があったと指摘する（「福島原発震災の政策的意味」、『現代思想』5月号、青土社、2011年）。一号機への海水注入が行われたのは、地震発生から約三〇時間も経過した後である。「事件から最初の一日を空費したこと」が、その後の深刻化を招いた重要な要因であった。この「空白の一日」の代償はあまりに大きかった。

第二の共通点は、テレビメディアが果たした役割の検証を試みる本書の目的にとって、上述の第一の共通点以上に、きわめて重要な指摘となる。それは、「通報の遅れに始まる意図的情報操作」という問題である。

ソ連政府がチェルノブイリ原発事故の発生を公式に認めたのは事故から三日目である。七沢によれば、被災者数、汚染の広がり、事故の原因などが、次第に国際社会に伝えられてゆくが、「実際にはそれらのすべてに当局による情報操作がなされており、真の事故実態が、世界にそして被災した当の市民たちに明らかになるのは、事故から三年以上たった一九八九年以降、正確には一九九一年のソ連邦崩壊後のことだった」(七沢、前掲書)。情報の公開がこれほどまでに遅れたのはなぜか。政府が情報の迅速な伝達を意図的に拒み、情報コントロールを徹底的に行ったのはなぜか。

その理由は、七沢の見るところ、二つある。第一は、正確な情報の伝達が、住民の不安と混乱を引き起こし、多くの市民にパニックが起きることを政府が危惧したことにある。そして汚染地域の拡大と一体となったパニックの拡大が、ソ連の社会主義体制そのものの解体を引き起こしかねないことに政府が強い危機感をいだいたからである。第二は、放射性物質の放出量やその広がりに関する情報を公開すれば、避難地域と避難住民の拡大は避けられず、それに伴う避難者の輸送や新たな居住地域の確保と整備に膨大な経済的負担を強いられることになる。それを回避し、体制の存続を優先するために、徹底した情報管理が行われたのだ。

この迅速な情報伝達の回避と情報管理は、結果的に何を招いたのか。それは明らかだろう。市民の生命を守る、という最重要の課題が先延ばしにされ、実際の避難指示があと回しとなった。パニック回避という名目の下で、既存の秩序と体制の維持、経済的負担の回避が優先され、何よりも優先されるべきことがらが軽視されたのである。

よく知られるように、もんじゅの事故でも、情報隠し、情報の隠蔽《いんぺい》が、大問題となった。「動燃が福井県に第一報を入れたのは事故発生から約四十八分後、地元敦賀市に対しては一時間以上もたってからだった」。さらに、事故が発生してから一日たった12月9日、動燃は「一分間の事故現場のビデオを公開、その後四分間に編集したものを再度公開、撮影はカメラ一台で行い、これ以外に映像はないと説明していた」。しかしその後の動燃自身の調査で、「公開されたビデオは事故の核心部分を隠す目的で編集され、未公開部分には漏洩箇所の温度計など生々しい映像がふくまれていたことが発覚した」（七沢、前掲書）。これ以外にも、情報の隠蔽や改竄《かいざん》が組織的に行われた。

これほどまでに情報の隠蔽が組織的に行われた理由は何か。もちろん、国策として推進してきた原子力発電とエネルギー政策の当事者である政府の責任に対する批判を回避して、現行の政策を推し進めるためであり、その障害となる事実や情報は市民に公開する必要はない、とする基本的態度が存在していたからである。

西側諸国に対して社会主義国としての国家の威信をかけて推進された旧ソ連の原子力開発、同様に国策として原子力発電を強力に進め、「環境にとってもっともクリーンなエネルギー」とのスローガンの下ですでに五四基の原発を稼働させ、世界第三位の原発大国となった日本。「国家の威信」や「国策」という錦の御旗を押し立てて強力に推進してきたこの二つの国家で、原子力発電で事故が起きた際に、一般の市民にとって必要な、そして正確な情報が迅速に伝えられることはなかったのである。

さて、この七沢の論述から学ぶべきは、情報の発信、情報の移動という社会の情報過程を考える場合に、権力という問題を外してはならないという点だ。パニックを避けるため、住民の不安を過度に煽《あお》らないように、という常套句《じょうとうく》の背後には、住民のためというより権力側による秩序維持という意図が内包されている。とりわけ、こうした大災害や大事故が起きた場合には、つねにそうしたことが起こりうるし、そして現に起きたのである。このことを私たちは看過すべきではない。

では、3月11日に起きた福島第一原発の過酷事故のケースはどうだったのだろうか。

福島原発事故とメディア

3月11日の東日本大震災、そして福島第一原発事故は、これまで経験したこともないスケールの被害をもたらした。死者・行方不明者の数は二万人近くに及び、避難者の数は最大で五〇万人にも上った。福島原発事故による周辺住民の避難者だけでも、一一万四四六〇人に上る。原発立地の大熊町は一万一五〇〇人、双葉町は六九〇〇人、富岡町は一万六〇〇〇人が故郷を離れ、避難生活を続けている（2011年11月4日現在）。被災し、避難した数多くの住民は、今でも、言葉にはできないほどの苦痛や不安を抱えて生活しているのだ。

また一方では、今回の巨大地震と大津波、そして原発過酷事故は、関係する各自治体や政府に、これまで経験したこともない対応を迫るものだった。メディア報道各社にとっても、それは同様だった。テレビ局も新聞社も、未経験の、従来の想定を超えた桁外《けたはず》れの事態に直面した。TBSは系列局から被災地へ半年間で延べ一〇〇〇人の記者を、テレビ朝日も震災発生直後の三日間は約一六〇人あまりの記者を、地震から一週間では二三〇人あまりの記者を、フジテレビも地震から一週間は一四〇人の記者を派遣し、取材活動にあたらせたという。

東京のテレビキー局やローカルテレビ局、在京の大手新聞社や地方紙を含め、この大震災にかかわった多くの記者や報道関係者は、まさに不眠不休で被災地の状況を伝えるべく奮闘した。地元の記者のなかには、彼ら彼女たち自身被災するなかで、夜を徹して取材活動にあたった者がいたことも忘れてはならない。また、ＴＢＳをキー局としたニュースネットワークＪＮＮ（ジャパン・ニュース・ネットワーク）のように、被災地からの報道を一過性のものにすることなく、継続的に伝えるために「ＪＮＮ三陸臨時支局」を設置したことや、ＮＨＫがユーストリーム上でストリーミング放送を公式に始めるなど、画期的な対応がなされたことも記録しておこう。

しかし、こうした総力を結集した取材態勢を布《し》いたり、これまでにはない取り組みを行ったにもかかわらず、原発事故をめぐる報道に対しては、政府の発表を追認するだけの「大本営発表」の域を出ないものであったとして原発事故直後から厳しい批判にさらされ、現在でもその批判は続いている。

政府側からの「ただちに人体に影響のあるものではない」との発表を単に繰り返すだけのテレビ報道に対して、多くの人たちが不安やいら立ちや怒りをいだいた。そのため、正確な情報を自ら探し求め、インターネットの関連サイトやツイッター上の情報に多くの市民が向かった。インターネットを日常的に活用しているメディアリテラシーの高い人たちの間では、外国の専門サイトや報道機関が提供する情報にアクセスし、彼らが入手した情報をツイッターやさまざまな情報手段を使って発信する事態も生まれた。

事故発生直後の時期に生まれた、このようなマスメディアに対する不信は、この時期の、一過性の、一時的なものとして収束することはなかった。

事故から四ヵ月しか経過していない7月ごろからは、メルトダウンした炉心の危険な状態がいまだに収束しないにもかかわらず、原子炉の状況や、放射性物質の汚染に脅えながら生活する福島の市民の現状は、ほとんど報道されなくなる。あたかも原発事故などなかったかのように、すでに原発事故にかかわる技術的な問題は解決され、事故によって生まれた健康被害や医療問題や日常生活上の問題などのさまざまな社会問題さえも収束したかのように、マスメディアがこの問題をほとんど報道しないことに対して、多くの市民は憤りの感情を共有した。

10月に入り、東電が炉心の冷却がほぼ順調に進行していると発表してからは、ますます原発事故についての報道はなくなった。11月2日、核分裂が連続して続く「臨界」が起きた可能性があると東電が発表した時期でさえ、その日に報道がなされただけで、丹念な取材に基づく継続した報道は皆無だった（東電による「臨界の可能性がある」との発表があった同日、原子力安全・保安院〔以下、保安院〕は「臨界は考えにくい」と発表して、東電発表を否定した。翌日、東電もこれを受けて、「臨界はなかった」と断定し、放射性物質キュリウムなどが自然に核分裂を起こす「自発核分裂」だったとの見解を出した)。

政府と東電による情報コントロールとメディアの対応

今回の過酷事故が発生した直後から初期対応に追われた一週間という期間に限定してみても、原発事故と住民の避難にかかわるさまざまな情報に関して、情報の隠蔽、情報開示の遅れ、情報操作等のさまざまな問題があったことが次第に明らかになっている。

言うまでもなく、福島第一原発の一号機から四号機が、これほどまでの深刻な事態に陥った原因は何かという問題は、政府、保安院、東京電力などの責任問題と直結している。情報公開の遅れ、情報の隠蔽、広報活動の稚拙さなどの問題もまた第一義的には、政府、保安院、東京電力の責任に帰すべき点が多いことは間違いのないところだろう。これら主要な組織による連携のまずさや情報伝達の不手際も、事故をめぐる情報の混乱を招いた一因として指摘しておかねばならない。

しかし、そうであるからといって、マスメディアの対応とその報道内容に問題がなかったとはいえないことも確かである。

たしかに、福島第一原発自体の取材が不可能となり、その周辺地域の取材も制約された状況では、政府や東電の発表に依拠することが避けられず、裏付けのある、独自の情報を確保することは困難を極めただろう。しかも、前述の七沢の指摘にあるように、これまでの歴史的経験から推測して、情報管理を徹底しガードを固めた政府と東電から内部情報を入手することがきわめて困難であったことは容易に想像がつく。しかし、問題の所在を、一方的に政府、保安院、東京電力などの対応に押しつけ、自らの姿勢や対応を問題なしとしてすませるわけにはいかない。単に政府や東電側の問題であったといって片づけるわけにはいかない、メディア自身の問題をはっきりと認識する必要がある。

何が問題であったのか。今後に生かしうる教訓は何か。その点に関する真剣な問いかけと自己検証なしには、既存のメディアが「3・11以降の社会」のなかでその役割を十全に果たしていくことなどできないだろう。

本書は、以上のような問題関心に立って、「3・11原発事故」に関する報道を、テレビ報道を中心に検証する。

「批判のための批判」は意図しない。だが、これほどまでに、マスメディアへの信頼、マスメディアが伝える情報への信頼が揺らぐなかで、信頼を回復するための課題を発見し、あらたな一歩を踏み出していくためには、徹底した検証が求められる。既存のマスメディアを「真実を一切報じないマスゴミ」として極端なバッシングを行うことからは、何も建設的な方向は見出せないとも考える。

私たちがいま行うべきは、少なくとも現在のブロードキャスティング（広域テレビ・ラジオ放送）が今後一〇年あるいは二〇年という期間、その姿を変えながらも存続すると想定するならば、ツイッターやフェイスブックといったソーシャルメディアと既存のメディアがそれぞれのメディア特性を生かしながら、よりデモクラティックな社会を組織するためのツールとして、その社会的役割を担うためには何が必要か、何を変えていくべきか、そのことを真剣に考えること以外にないだろう。言い換えれば、その存立根拠を根底から考え直さなければならないほど、現在の既存メディアは問題を抱えていると思う。

本書は、テレビ報道を、番組のテクストを書き起こしながら、テクストに密着して、分析する方法を採用する。分析と検討を加えていく上で必要ないくつかの規範的な視点を述べておこう。

第一は、すでに述べた権力との関係である。メディア各社は、政府の情報コントロールを突き破るような、徹底した取材活動を行いえたのか。

第二は、テレビメディアと科学者・専門家との関係である。今回の原発事故報道に際して、専門家はその役割を十分に果たしきれたのか。またテレビメディアは専門家の発言を適切に引き出し、視聴者が問題を認識し、熟慮するために必要な情報を提供できたか。

第三は、メディアと被災者や避難住民との関係である。事故を直接経験した福島第一原発周辺の住民、さらに放射性物質の放出という事態に遭遇した広範囲の住民の健康と安全と財産を守るための報道を行いえたのか。テレビは、誰の目線に立って報道したのか。

この三点である。

この三つの視点から番組のテクストを検証することで、メディアに問われている問題の核心が、今回の「3・11原発事故」の報道にのみ限定されるようなものではないことが論究されるだろう。ドイツの社会学者ウルリッヒ・ベックが指摘するように、現代社会は「第二の近代」といわれるような、科学技術や社会規範や伝統などあらゆる社会的な要素を自己言及的に反省する機構を社会の内部に含み込んだ社会といえる（『リスク化する日本社会』岩波書店、2011年）。したがって、この社会は、これまで以上に、さまざまな社会的主体が、さまざまな係争点を浮上させ、その当該の問題に関する討議に自ら参加し、熟慮するような空間を創造することが求められている社会でもある。メディアは、この熟慮する空間の創造、すなわち熟慮民主主義（deliberative democracy）社会の構築という課題にいかに貢献できるのか。本書を通じて考えたいのは、この点である。

多くの市民が関与する熟慮の空間の構築に向けて、メディアはどう関与できるのか。この基本的な課題が、すべてのメディアに突きつけられている。

本書の構成と視点

以下、本書は、次のような順序にしたがって、論を進めていく。第一章では、現時点までに明らかになった福島第一原発事故の経緯を概括する。マスメディアがどの時点でどう報道したか、という問題を検討する上で基礎的な資料となるものだからである。

第二章では、3月12日の福島第一原発一号機の爆発までの間にテレビがいかに報道したのかを検証する。

第三章では、3月12日の福島第一原発一号機の爆発に関して、専門家の解説を含めてテレビがどう報道したかを検証する。テレビは何を語り、何を伝えようとしたのか、批判的な検討が行われる。

第四章では、3月13日から14日の福島第一原発三号機の爆発、二号機の冷却装置停止、15日の二号機サプレッションプール（圧力抑制室。原子炉格納容器の底部にあるプール）の破損と四号機の爆発へと事態が進行し、緊迫した状況が続いた三日間の報道を検証する。

第五章では、北澤俊美防衛大臣（当時）が「今日が限度」と述べた3月17日前後に、放射性物質の飛散による人体への影響がどう報じられたか、という点を中心に報道を検証する。専門家はこの時点で何を語ったのか。

第六章では、この時期に、インターネット上の関連サイトではどのような情報が流通していたか、テレビに登場した専門家以外の、異なる視点をもつ科学者や専門家がいかなる発言を行ったか、この点を検証する。

すでに指摘したが、事故発生直後から、多くの市民が政府発表を繰り返すだけのテレビ報道に不安を覚え、インターネット上の情報を探し求めた。そのなかには、関連する多くの書籍や雑誌が述べているように、大量のデマや誤報も存在した。だが、その一方で、テレビでは知ることができない原子力の専門家の意見や予測、自身の専門性を生かした立場からの有益な情報が発信され、流通し、そうした数多くのネット上の情報がテレビの情報を相対化する上でまたとない情報源となった。こうしたネットの情報がテレビ情報とどのような差異をもっていたのか。二つの事例を提示することで、両者の差異を検討することにしよう。

第七章では、第六章での検討をふまえて、今回の福島第一原発事故をめぐる社会の情報過程から浮かび上がる、日本のメディア空間の今日的な特徴を整理する。ひと言でいえば、テレビや新聞という既存のメディアの相対的な地位の決定的な低下、そしてそれと連動したネット上の情報の存在感の高まり、という事態である。原発事故に関する社会情報の流れから見えてくるのは、こうしたメディア環境の構造的変化である。

読者からは、いまさら、またなぜそのようなことを指摘するのか、という疑問の声が聞こえてきそうである。これまでも、広告収入の低下など産業基盤そのものの変化、社会的関心や嗜好《しこう》やライフスタイルの多様化によるオーディエンス（視聴者）の細分化など、既存メディアをめぐる環境の変化や既存のメディアの相対的な地位の低下ということが繰り返し指摘されてきたからである。

しかし、今回の事態は、マスメディアが発信する情報の信頼性が根底から揺らいだという点で、決定的な変化が生じたことを意味する。自然災害や地震といった社会全体にかかわる事態が起きた場合、これまでであれば、テレビが事態の推移をより早く、正確に伝達してくれると考えられてきた。そのテレビの信頼性が、今回の大災害を前にして、大きく揺らいでしまったのだ。このことがもつ意味はきわめて大きいと言わねばならない。

その一方で、ネット上では、専門家や市民、そして市民運動や社会運動の担い手など、その立場を異にするさまざまな市民が、事態をより的確に認識できるように、積極的に情報を提供した。また、ネット上に流れた被災者の声に応えて、迅速で、支援活動に寄与する、有効な情報発信や情報の補完など、さまざまな実践も行われた。こうした社会的コミュニケーションの変容を考えてみたいのである。

本書は、タイトルに示したように、あくまでドキュメントであることを心がけた。できるかぎりテレビの画面、テレビテクストで起きたことを記録し、そこから読み取れることを記述した。単なる印象に基づくテレビ批判やテレビ批評を回避したかったからである。また、外在的な視点からの、つまり「メディアはこうあるべきだ」といった「べき論」からの批判も避けたかったからである。テレビ分析は、あくまでテレビテクストで起きたことがらに即して行われねばならない。私はそう考えている。

本書の検討は、3月11日から3月17日までの七日間に限定している。本来であれば一カ月、あるいは半年といった長期にわたる番組の検討が必要である。しかし、七日間に限定することで、むしろ原発事故に関するテレビ報道の特徴や各局の違いをはっきり描き出すことができたと考える。これが本書の特徴であり、独自性といえる。

テレビのアナウンサーや出演者・専門家の発言についてはできるかぎり正確に書き起こしたが、本文で引用する際には一部省略したり、冗長な箇所は削除するなどの処理を行い、発言はかぎカッコ「 」に入れて記載した。論旨をはっきりさせるために、丸カッコ( )

で語彙《ごい》を補うことも行った。また、テレビの解説場面で、複数の解説者が登場している際に、発言を書き起こした人のみを表記している箇所がある。記者かアナウンサーか不明のため、記者をアナと表記した箇所もある。

なお、本書に出てくる放射線量の数値などは、原則として、当時の報道によるものである。また、政府関係者、出演者等の肩書も当時のもので、かつ敬称略で記述している。この点をはじめにお断りしておく。

第1章

福島第一原子力発電所事故の経緯

3月11日から3月17日まで

3月17日の福島第一原発。中央左の建屋が二号機、その左が三号機
共同通信社ヘリより（写真＝共同通信社）

初動対策の失敗

3月11日、冷却装置の停止という事態

この章では、これまでに明らかになった、福島第一原子力発電所の過酷事故の経緯をまず見ておこう（以下、福島第二原発、女川《おながわ》原発に関する情報は、説明が錯綜することを避けるために述べないことにする）。

3月11日午後2時46分、宮城県牡鹿《おしか》半島の東南東約130キロの海底を震源地として、マグニチュード9・0の巨大地震が発生した。2007年の新潟県中越沖地震では、東京電力柏崎刈羽原発の原子炉が大きな被害を受けたが、放射能による一般市民への影響はわずかであり、原発が地震によって損傷し、大量の放射能が外部に放出されるという事態は、今回がはじめてであった。

巨大な地震によって、原発は大きな被害を受けたとみられるが、これほどまでに災害が拡大し、事態の悪化を招いた直接の原因は、地震のあとに襲ってきた津波にある。女川原発、福島第二原発では原子炉建屋が比較的高い地点に建設されていたため、津波の被害を

逃れた。福島第一原発では15時26分〜27分ごろに高さ4メートルの津波第一波が到達、その後15時35分に来た津波の第二波が第一原発敷地内に侵入、高さ7・5メートルまで測れる波高計が壊れた。事前に想定した津波の高さは5・7メートルであったが、東京電力によると、主要建屋の海側における浸水痕の浸水高から見て、敷地内全体が14〜15メートルの高さの津波に襲われたとしている。この見解に対して、鈴木康弘・渡辺満久・中田高は「過大評価ではないか」との疑問を提出しているが（「福島第一原発を襲った津波の高さについての疑問」、『科学』9月号、岩波書店、２０１１年）、いずれにしても、地震の約五〇分後に来た津波に襲われ、発電所全体が水没し、多くの施設や設備が破壊され、使用不可能となった。

強い地震のあと、原子炉は自動的に制御棒が挿入され、核分裂連鎖反応は停止した。しかし、福島第一原発では、すべての電力供給が絶たれたため、原子炉の冷却機能がすべて失われた。発電所の外部からの、送電線を使った電力の供給が地震による被害で絶たれ、こうした場合のバックアップとして設けられている非常用のディーゼル発電機による電力供給も失われた。非常用のディーゼル発電機が稼働しなかったのは、津波による浸水の影響とみられている。これを受けて東京電力は、15時42分に、福島第一原発一号機、二号機、三号機に関して、原子力災害対策特別措置法第一〇条に基づく特定事象発生の通報（一般に「一〇条通報」（と呼ばれる）を行った。全交流電源喪失による冷却装置の停止という一〇条通報をNHKが伝えたのは、16時47分である。

すべての電源を失った福島第一原発では、補助用のバッテリーで冷却系を稼働させた。しかし、この非常用炉心冷却装置（ECCS）も数時間後にはバッテリーが切れてしまい、16時32分、一号機、二号機で注水不能となった。そのため、原子炉内での冷却水の蒸発が急速に進んだ。

東京電力は、非常用炉心冷却装置注水不能を報告した。原子力災害対策特別措置法第一五条に基づく通報（一般に「一五条通報」と呼ばれる）が政府に伝えられたのは、16時45分である。しかし、その後、原発立地の周辺自治体には、福島県や政府からの連絡はまったくなかった。

「一〇条通報」そして「一五条通報」とも、原子力災害対策特別措置法の条項である。前者は、原子力防災管理者の通報義務について規定したもので、「原子力事業所の区域の境界付近において政令で定める基準以上の放射線量が検出されたり、または定められた事象の発生について通報を受けたり自ら発見したときは、ただちに主務大臣、所在都道府県知事、所在市町村長および関係隣接都道府県知事に通報しなければならない」などとしている。後者は、原子力緊急事態宣言について規定し、第一項では、「主務大臣は、通報された放射線量が異常な水準の放射線量である場合、または、原子力緊急事態の発生を示す事象として政令で定めるものが生じた場合は、内閣総理大臣に報告を行う」こと、第二項では、「内閣総理大臣は、前項の規定による報告等があったときは、『原子力緊急事態宣言』を行う」旨を記している。

「東京電力福島原子力発電所における事故調査・検証委員会」（以下、政府事故調査委員会）の「中間報告」（２０１１年12月26日発表）は、17時15分の時点で、発電所の対策本部は、一号機の炉心露出まで一時間程度と予測していた、という事実を明らかにしている。11日の19時３分に設置された政府の原子力災害対策本部は、原子力緊急事態宣言を発表、同時に外部から電源車を持ち込み、冷却系の機能を回復させるように指示した。しかし、地震発生から電源車が現地に到着するまでに七時間近くを要し（東京電力の電源車が到着したのは21時20分ごろとみられる）、復旧に取り組んだが、冷却機能は回復しなかった。電源車はまったく役に立たなかったのである。外部電源の喪失、非常用電源の双方がダウンする事態を「想定」しておらず、そのために電源車を活用するような事態に備える準備も用意も行われていなかったのだろう。

原子炉を冷却するすべての電源が失われるという前代未聞の緊急事態が起きたわけだが、このように、その対応は「緩慢」であった。吉岡斉（九州大学副学長）によれば、この時点で海水の注入等の措置が行われていれば、最小限の被害ですんだかもしれないという（吉岡、前掲書）。

政府の原子力災害対策本部の設置そのものが遅く、外部から電源車を持ち込み、冷却系の機能を回復させる指示も遅かった。また関係自治体に対する「一〇条通報」と「一五条通報」の通報もきわめて遅かったと言わざるをえない。

11日の夜、東電と政府の災害対策本部は、外部から持ち込んだ電源車による冷却系の機能回復が成功しない事態のなかで、次の対策をいかに講じようとしたのか。その点は今後の調査で明らかになろう。ただ、11日の夜になんらかの次善の策が講じられることがないまま事態は進行し、すでに11日の深夜から12日にかけて、原子炉内部での冷却水の蒸発が進み、核燃料棒がむき出しになり、核燃料の損傷と溶融という危機的状況につき進んでいたことが明らかになっている。政府事故調査委員会の「中間報告」では、一号機の非常用復水器（IC）の作動状況の誤認が、一号機に対する注水が遅れた一因との認識を示している。電源喪失時に非常用復水器の弁が閉まる機能は基本的知識であり、電源喪失した時点で非常用復水器が機能していないのでは、という問題関心をいだく契機は十分あったのに、作動中であると誤認した。

吉岡は、「この事故から最初の一日を政府と東京電力が空費したこと、つまり初動対策でしくじったことが、その後の深刻化を招いた重要な要因である」（吉岡、前掲書）と指摘する。現場で何が起きているか、それをいち早く伝えなければならないはずの情報伝達の遅さ、危機認識の甘さ、そして判断の遅さが「失われた一日」を招いてしまったのである。

テレビは、原発事故に対する認識という点でどうであったのか。11日の夕方から深夜にかけて、冷却系の機能喪失という事態を、NHKでは17時45分、18時19分、19時21分、19時26分（枝野幸男官房長官会見）、21時53分（枝野会見）、22時46分、12日0時28分、1時31分、2時、3時24分と断続的に伝えた。民放も繰り返しこの事故に関する情報を伝え、12日の深夜には専門家をスタジオに呼んで解説を加えた。事の重大さを認識していたようにみえるが、その詳しい内容は次章で検討する。

3月12日15時36分、一号機爆発

3月12日10時17分、一号機では格納容器からのベント（排気）を開始した。第一原発の所長がベントの準備を指示したのが12日0時6分、海江田万里経済産業相がベントを命じたのが6時50分である。海江田の指示から三時間半が経過していた。圧力容器で発生した水素ガスが損傷部分を経由して格納容器の内部に充満して内部圧力が上昇し、格納容器自

体が破壊される可能性が高まった。そのため、放射性物質の放出という事態を招いてしまうとはいえ、ベントは避けられない選択だった。しかし15時36分、一号機の水素爆発で原子炉建屋の上部が爆発で吹き飛んだ。

原子炉建屋上部の爆発は一つの結果でしかない。原因は、電源喪失というなかで原子炉内の冷却水が蒸発し、核燃料棒がむき出しになり、核燃料の損傷・融解が進んでいたことにある。これを食い止めるための選択肢は一つ、炉心への海水注入しかない。

12日19時4分、ようやく一号機への海水注入が開始された。電源喪失から約二七時間が経過した時点での実施だった。その後、三号機にも13日13時12分、二号機には14日16時34分に海水が注入される。

なぜ、外部電源喪失から二七時間も経過してから海水注入が行われたのか。なぜ、もっと早い段階で実行されなかったのか。その真相もまだ不透明だが、一部で指摘されているのは、原子炉に海水を注入すると設備全体が腐食してしまい、結果として廃炉に追い込まれてしまうことに対して東電が抵抗したという説である。あるいはまた、地震でダメージを受けた可能性が考えられる原子炉や格納容器の機器や配管が海水注入による腐食で一層のダメージを受けてしまい、放射性物質の放出を拡大することにつながりかねないことを東電側が危惧したという説もある。

政府事故調査委員会の「中間報告」では、海水注入問題について、福島第一原発の吉田昌郎所長は12日19時4分に注入を開始させ、19時15分までに官邸に連絡した。しかしそれは首相には伝わらなかった。また東電本店にも相談したが、注入の中断もやむをえないという意見だったため、吉田所長の自己責任で継続を指示したという。政府と東電の意思疎通が十分に行われなかったことも対応が遅れた原因であるといえる。

また、もう一つ不可解な点がある。すべての電源が喪失するなかで、一号機で起きた格納容器の圧力上昇、そしてベント後に起きた水素爆発が、二号機、三号機でも同様に起きることは高い確率で予期できたはずである。にもかかわらず、三号機では、一号機の海水注入から遅れること一八時間後の13日13時12分、二号機にいたっては四五時間半も経過した後の14日16時34分であった。核燃料棒の損傷と溶融が進行していることが確実視されたはずにもかかわらず、なぜこれほどまでに三号機、二号機への海水注入が遅れたのか。注入に必要とされる機材や人員が不足したのか。放射性物質の放出量が高く、作業が難航したのか。あるいは、この時点でも海水注入の決断が遅れたのだろうか。

「三重の壁」に守られた「安全」という「神話」の崩壊

3月14日、三号機爆発、3月15日、二号機が爆発、四号機で火災

三号機では、海水注入が始まってから約二二時間後の14日11時1分に、一号機爆発と同じく水素爆発で原子炉建屋が破壊された。

二号機では、海水注入が始まってから約一四時間近くが経過した15日6時10分、格納容器とつながる圧力抑制室付近で爆発が起こり、格納容器の気密性が失われた。それによって、これまでとは桁外れの大量の放射性物質が大気中に放出された。

原子炉の放射能を閉じ込めるために「三重の壁」が設けられており、「原子力発電所で放射能漏れなど起きるはずはなく、絶対に安全である」といわれてきた。第一は炉心をカヴァーする圧力容器、第二は圧力容器を密封する格納容器、そして格納容器を覆う原子炉建屋、という三つの防御壁である。二号機の爆発は、第一号機や第三号機で起きた原子炉建屋の破壊とはレベルを異にする。格納容器そのものの損傷を示唆する深刻な事態の発生である。

海水注入の時期が遅れたとはいえ、海水注入によって事態の悪化を食い止めることが期

待された。だが、三号機の爆発、二号機の爆発は、海水注入という対応策では不十分であることを示した。実際、海水を注入して水位が一定程度上昇しても再び水位が低下するなど、原子炉圧力容器を海水で満たすことができず、核燃料棒の半分近くが露出したままの状態であることが計測機器により示されたからである。

二号機の圧力抑制室付近における爆発で、メルトダウン、メルトスルー（溶融した核燃料が原子炉外に漏れ出ること）が現実のものとなることが危惧された切迫した事態のなか、今度は四号機で火災が発生する。定期点検中で運転が中止されており、安全性が確保されているとみなされていた四号機の火災は、一連の事態をさらに悪化させた。

四号機の火災の原因は、冷却装置の機能が失われたために使用済核燃料貯蔵プールの冷却水が沸騰し水位が低下したことで核燃料棒がむき出しになり高温となって、水素ガスが発生し、火災を引き起こしたと考えられている。火災と報道されたが、実際には原子炉建屋の上部側面が破壊し崩れ落ちた写真をみれば、火災という表現が適切なものであったか疑われるほどの損傷であった。四号機原子炉建屋の一部崩壊は、使用済核燃料貯蔵プールからの放射性物質の大気への放出を食い止める遮蔽物《しゃへいぶつ》が何もなくなったことを意味する。原発敷地内の放射線のレベルが高まり、その状態が続けば、発電所敷地内での事故収束に向けた海水の注入作業は中断せざるをえなくなり、絶望的な状態となりかねない。二号機への海水注入の遅れは、致命的な事態の悪化を招いたのである。

第二号機圧力抑制室付近の爆発、そしてそれに続く四号機での火災発生という事態を受けて、15日午前11時の菅直人総理の会見では、「20キロ圏内避難、20～30キロ圏内は屋内退避」の指示が出される。15日の午前から16日にかけて、危機的状況が続いたのである。16日には、三号機と四号機の間の付近からの白煙が確認され、危機的な状況を打開するために自衛隊のヘリコプターによる空からの放水が検討されたものの、上空の放射線量があまりに高く、この日の夕刻に放水は断念された。

こうした緊迫した事態に至っても、16日17時55分の政府会見で枝野官房長官は、原発の敷地内で観測された放射性物質の数値をみれば「ただちに人体に影響を及ぼす数値ではない」との見解を示した。しかし実際には、この15日から16日にかけて放射性物質の大気への放出量がピークに達し、福島県内の多くの地域や関東北部に至る広範な地域に放射性物質が飛散した。その事実が市民に伝えられたのは、4月に入ってからのことである。

3月17日、ヘリコプターによる海水の投下、地上からの放水作業

17日の9時48分、9時52分、9時54分、9時58分の四回、自衛隊のヘリコプターから三号機の格納容器に向けた放水が行われる。四号機ではなく三号機が優先された背景には、

ヘリコプターの搭乗員の目視で四号機の使用済核燃料貯蔵プールには水がまだ入っていると確認されたことがある。同日の午後には自衛隊の給水車による三号機への放水も実行され、翌18日には東京消防庁ハイパーレスキュー隊による放水が行われた（警視庁の特殊車両も出動したが、現場には近づけなかった）。これら各部隊による必死の作業で、使用済核燃料貯蔵プールの冷却機能喪失という問題から引き起こされる最悪の事態は回避された。17日の午前、自衛隊による空からの放水作業が行われた直後の北澤防衛大臣の会見（11時28分）での「今日が限界であった」との発言は、この作業が、収束に向かうか、それとも最悪の事態になるかを決するものだということを政府が認識していたことを示している。

使用済核燃料貯蔵プールの問題が一段落した後も、予断を許さない状況が続いた。海水の注入に加えて、政府の原子力災害対策本部は外部電源から電力を確保して原子炉冷却システム機能の回復を図るとの方針を出したものの、回復作業は難航したからである。また、3月27日には、原子炉建屋に近接するタービン建屋に、高濃度の放射能に汚染された大量の水が溜まっていることが確認され、その後建屋外部のトレンチ（溝）でも発見された。この高濃度の放射能汚染水は、炉心の核燃料棒の損傷・溶融によって出た放射能に圧力容器に注がれた海水が汚染され、それが圧力容器の損傷部分から格納容器に流れ、さらに格納容器の損傷部分からタービン建屋に流れ込んだと考えられている。つまり、圧力容器、格納容器のいずれもが重大な損傷を受けている可能性が高いことが明らかとなった。

このことにより、事態の焦点は、外部電源からの電源供給ラインを設置することで冷却システムを回復すること、また同時に放射能汚染水を除去することに向けられていく。とりわけ放射能汚染水の除去は、これが行われなければ電気系統の修復などの作業が不可能となるため、最優先で進められることになった。

4月1日、東電などの対策チームの会議で、集中廃棄物処理施設に溜まった汚染水を海に放水する案が出されたが、いったんはこれを断念した。しかし、汚染水を四号機のタービン建屋に移送したところ、4日の朝に三号機のタービン建屋の水位が上昇したことで、地下で汚染水の溜まりがつながっていると判断、その日の19時3分に、関係国への事前の通告も行わずに、高濃度の汚染水を「低濃度放射性汚染水」と呼んで、海へ放出した。放水は4日から10日まで実施されたが、放出開始時から近隣諸国や福島の地元自治体から「事前連絡がなかった」として強い非難が起きた。

これが、現在までに明らかになった、地震発生直後から4月4日までの福島第一原発事故の経緯である。テレビメディアはこの経緯をどう伝えたのか。次章から検証したい。

第2章

地震発生から一号機の爆発まで

振りまかれる「楽観論」の言説

福島原発事故の説明をする枝野官房長官。
会見の様子は連日、テレビで放送された
（写真＝朝日新聞社）

初期報道にみえる楽観論

地震発生直後の報道

3月11日午後2時46分、国会中継中のNHKは緊急地震速報を流した。東京ではその直後、地震に見舞われ、大きな揺れを感じて動揺する国会議員の姿をカメラは映し出した。震源地に近い宮城県仙台市では、地震発生直後に速報が流れたという。NHKはただちに映像をスタジオに切り替え、地震と津波情報を伝えた。余震も続くなかで、次々と被災地からの情報が入る。15時50分ごろからは、ヘリコプターによる上空からの映像が入り、あの衝撃的な、仙台の名取付近の海岸線から打ち寄せる巨大津波が田畑や人家をのみ込み破壊する光景や、大型船が次々に内陸部に流され、車や建物を破壊する岩手県釜石の光景が伝えられた。ヘリコプターによる撮影をいちはやくNHKが流すことが可能だったのは、たまたま仙台空港の格納庫の入口近くまでヘリコプターを出していたため、損傷を免《まぬが》れ、すぐに離陸することができたからであった。仙台空港の管制は機能を失っていたが、地震発生から約二〇分後に離陸許可が出された（『Ｎｅｔｗｏｒｋ　ＮＨＫ』２０１１年６月）。

被災地では電気が止まり、情報手段が失われるなか、地震による被害状況や津波の大きさも、まったく知ることができない状況におかれた。宮城野区や若林区の津波による被害を、同じ仙台市内に住む人たちが知ることになるのはずっとあとのことである。

その後も、NHKは途切れることなく、岩手県大船渡《おおふなと》、宮城県気仙沼《けせんぬま》、青森県八戸《はちのへ》、茨城県大洗《おおあらい》、北海道苫小牧《とまこまい》などから入る中継映像を流して、被害状況を伝え続けた。

民放では、フジテレビが14時49分39秒、ドラマ番組を切り替えてスタジオに戻し地震発生の第一報を伝えた。その直後なんらかのミスだろうか、いったんドラマ番組に切り替わり、14時50分55秒にスタジオからの地震情報に再度切り替わった。千葉県銚子、東京都お台場、新宿、仙台からの中継映像が流れ、15時には仙台のスタジオから直接現地の情報が伝えられた。15時12分には気仙沼から中継で津波の映像が放送される。日本テレビは、地震で揺れるスタジオ内の映像が2～3秒ほど流れた後、CM映像がしばらく流れ、14時50分にCM映像に重ねて地震情報のテロップが出た。スタジオに切り替わったのは14時51分だった。TBSは、ドラマ「金八先生」を放送していた。地震速報のテロップが入るが、そのままドラマをしばらく続け、14時50分にスタジオに切り替え、地震情報を伝え始めた。テレビ朝日も地震後もドラマを流し続け、14時50分にテロップで地震速報を流し、ドラマを中断してスタジオに切り替えたのは14時52分だった。

三陸海岸はこれまでも大きな津波に襲われており、地元のローカル各局は災害が起きた場合の対策を常日頃から準備していた。関係者によれば、地元記者はここで地震や津波があれば、それをいちはやく伝える「防人《さきもり》」としての意識をつねにもっていたという。万が一に備えて、海岸線や主要な港には固定の情報カメラが設置されている。こうした対策の下で、津波が襲う映像を各局とも伝えることができたのである。なかでも、NHKの対応はすばやく、被害の状況を伝える各地からの、そしてヘリコプターによる上空からの映像の量は民放を圧倒したといえる。

地震と津波による被害が次々に伝えられるなか、各地の原子力発電所の状況に関する情報は、ほぼ地震発生から一時間が経過した16時前後から伝えられる。TBSはいちはやく15時24分に「福島の第一原発、第二原発が自動停止した」と伝えた。日本テレビも16時24分に同様の情報を流した。NHKは16時47分に、「福島第一原子力発電所で、停電が発生し、非常用のディーゼル発電機が使えなくなり、非常事態を伝える一〇条通報を出した」(15時42分に東京電力から政府に一〇条通報がなされた)との第一報を伝えた。フジテレビは16時53分、「女川原子力発電所、福島第一原発一号機から三号機とも原子炉が自動停止した」ことを伝え、17時2分には枝野官房長官の会見(16時57分)、「原発には現時点で被害はない、放射能漏れなどは起きていない」との発言を流した。

すでに述べたが、地震から約四五分後には福島第一原発に津波の第一波が襲来、さらに第二波が施設内に侵入して、外部電源からの送電が停止、さらに非常用のディーゼル発電機も稼働しない状態に陥った。15時40分前後にはこうした事態が発生した。この「非常用のディーゼル発電機の停止」という事態を、NHKがもっとも早く伝えたことがわかる。

事態の急変が伝えられたのは、その直後のことである。

冷却機能停止の第一報

NHKでは17時37分に、福島第一原発の二基の原子炉冷却機能が停止したとの情報を短く伝えた。その三分後の17時40分には詳しい情報を伝えた。事実上、これが最初の原子炉冷却機能の停止に関する詳しい情報だった。

福島第一原子力発電所の情報をお伝えします。福島第一原子力発電所では、地震で停止した二基の原子炉を安全に冷やすために必要な非常用のディーゼル発電機がすべて使えなくなり、冷却を十分に行う能力がないと判断したということです。そのため、東京電力では原子力災害対策特別措置法に基づき、午後5時に緊急事態を告げる通報を経済産業省（原子力）安全・保安院に行いました。保安院は情報の確認に努め、今後の対応について検討を加えています。放射能が漏れるなどの外部への影響はないとのことです。

これが第一報であった。緊急事態が発生したのは16時前後、東電が一五条通報を出したのが16時45分、NHKがそれを伝えたのはその約一時間後ということになる。

その後、NHKは18時20分に、やや詳しく、第一原発のうちの二基の原子炉で四台すべてのディーゼル発電機が使えなくなり、東京電力が原子力災害対策特別措置法に基づき15時42分に異常事態の通報（一〇条通報）を、それに続いて17時（筆者注：実際は前述のように16時45分）に、緊急事態を告げる、いわゆる一五条通報を出したことを伝えるとともに、原子力緊急事態宣言と原子力災害対策本部の設置を発表すると伝えた。

民放はどう対応したのか。

TBSは18時42分に、官邸前の記者から「原発に関する情報が届きました」とレポートし、「福島原子力発電所になんらかの被害が出ている可能性があり、全閣僚が官邸で待機しています。被害状況が明らかになり次第、対策を話し合うことにしています」と伝えた。

フジテレビは19時7分に、保安院からの情報として「福島第一原発の一号機と二号機で、原子炉を安全に冷却するための冷却装置が作動していない疑いがあるとの通報が東京電力からあったものの、現在冷却システムが機能していることが確認できた、ということです。いまディーゼル発電機の修復と電源車の確保に努めています」と伝えた。「冷却システムが機能していることが確認できた」との情報はたぶん誤報であろう。あるいは非常用炉心冷却装置（ＥＣＣＳ）が作動したことを伝えたのかもしれない。

日本テレビは19時41分、「福島第一原発一号機、二号機、三号機は自動停止しました。ただ、外部電源が来ていない状態で、非常用の冷却装置を使って炉内の温度と水位を保っているとのことです」と報じた。テレビ朝日は官邸からの情報として19時56分に、「緊急事態通報を出した」「放射能漏れはない」と報じた。

総じてみると、ＮＨＫと比較して民放は対応が遅く、その内容も簡潔であった。

19時40分、枝野官房長官の会見報道――NHK

枝野官房長官の会見が始まったのは、19時40分過ぎからである。ＮＨＫをはじめ民放各局とも生中継した。会見内容は次のとおりである。

停止した原子炉は冷やさなければなりません。ただ、冷やすための電力について対応が必要だという状況になっております。まさに、万が一の場合の状況が激しいものですから、万全を期すということで原子力緊急事態宣言を発令いたしまして、対策本部も設置をし、原子力災害（対策）特別措置法に基づく最大限の万全の対応をとろうということでございます。

繰り返しますが、放射能が漏れているとか、現に漏れるような状況になっているという状況ではございません。しっかりと対応することによって、なんとか最悪の事態に至らないように、万全の、いま対応をしているところでございます。

この会見を受けてＮＨＫは、このときからスタジオ入りした科学文化部の山崎淑行記者による解説を加えて、会見時間を含め二〇分近くこの問題を伝えた。

武田アナ　国が宣言した緊急事態とはどういうことなんでしょうか。

山崎　これはですね、原子力発電所で大きなトラブルがあった場合ですね、たとえば放射性物質が外に出てしまうとか、住民が避難しなければならないような、大きな事象につながる可能性がある場合に、電力会社だけではなく国が前面に出て、専門家も含め、福島の防災拠点に集めて対応をとるという状況を宣言したということになりますね。

武田アナ　現在の状況はどうなんでしょうか。

山崎　六つの原子炉は停止していますが、まだ熱が残っているので冷やしていかないといけないその一部の原子炉で、冷やすためのポンプが正常に動いていないという情報があるんです。そのために、今後、万全を期していかないといけないということで、宣言につながったわけです。ただですね、周囲に放射能が出るというようなことは、まだモニタリングポストでは観測されていないということなんですね。いますぐに避難が必要な事態ではない。まぁ、国も万全を期したいということで宣言を出したということです。

民放による枝野会見報道——藤田祐幸の踏み込んだコメントも

民放も、それぞれこの会見の様子を中継で伝える。フジテレビは19時45分から約三分間、ストレートニュースで伝え、その後も20時2分、20時7分と、断続的に枝野会見の内容を伝えた。注目されるのは、20時7分の報道で、藤田祐幸（元慶應大学助教授）が電話取材で「メルトダウンが始まりつつあるのでは……」という、政府見解から一歩踏み込んだコメントを出したことである。

藤田　原子炉は非常に高温にありますので、冷却を続けないといけないのです。原子炉が緊急に停止したとしても、原子炉を冷やさないとメルトダウンになる。原子炉自身が溶けて、水に触れたりすると水蒸気爆発をして、大災害になります。で、これを防ぐために、いまたぶん電源車が向かっていると思いますが、すでにメルトダウンの状態に入っているのではないかと大変心配しています。

安藤MC　ということは、冷却が行われておらず、炉心が溶解といいますか、メルトダウンがもうすでに始まりつつあるのではないか。このように推察される根拠というのはあるんでしょうか。時間というか、地震が午後2時46分に起きて、それからすでに六時間が過ぎていますが……。

藤田　こういう場合は、一分、一秒で事態が進行していくんですね。六時間は大変長い時間なんですね。現場では、大変苦労されていると思いますが、一刻も早く電源を回復しないと、冷却を再開することができないと、大変な事態になります。

この藤田の発言は、「まだ危険な状態には至っていないが、念のために、万全を期して」と述べたNHKの解説のニュアンスとは明らかに異なるメッセージである。そして、実際には、この藤田コメントがほぼ事態を的確に把握した指摘であったことが後に明らかとなる。しかし、藤田がその後、解説を求められる機会はなかった。

TBSは、枝野官房長官の会見を中継した後に、官邸前の記者レポートとして「午後7時前に全閣僚が官邸に集まり、全原子力関係閣僚会議が開かれ、先ほど会議が終わり」、枝野会見の内容が出されたことを伝えた。その後、20時56分には、冷却機能が作動していないことを伝えた上で、詳しく以下のように事態を報道した。

佐古デスク　非常用ディーゼル発電機が起動しない状態になっているとのことです。こうした事態を受けて、国は応急の対応が必要とのことで、緊急事態宣言を発表しました。これまでのところ、外部への放射能の影響は確認されておりません。福島第一原発一号機、二号機では、備え付けのバッテリーで原子炉を冷やす作業をしていますが、そのバッテリーも早ければ午後10時には切れるということで、その場合には原子炉を冷やすことがストップし、放射能が漏れ出す可能性があります。東京電力は、冷却装置を作動するのに必要な電源を供給する電源車を派遣しましたが、電源車と冷却装置を接続することはできていないということです。

日本テレビは21時29分に、比較的長い時間を割いて次のように伝えた。

徳光アナ　福島県内にある原発のうち福島第一原発一号機、二号機、三号機は自動停止しました。ただ、外部電源が来ていない状態で、非常用の冷却装置を使って炉内の温度と水位を保っているということです。先ほど、福島県知事から避難の要請が出ています。

藤井アナ　徳光さん、原発に関する新しい情報が入りましたので、こちら（東京）からお伝えします。福島第一原発二号機で、燃料棒の水位が低下し、燃料棒が露出の恐れがあることについて、ＩＡＥＡ国際原子力機関が国際緊急センターを立ち上げ、専門家による二四時間態勢のモニターを行うことを決めたということです。ウィーンにあるＩＡＥＡ国際原子力機関の本部は、日本と連絡を取り合いながら、原子力安全や医療支援の専門家が状況を見守り、緊急事態の発生時には、必要なアドバイスやサポートをするということです。

スタジオで解説を務めていた渡辺実（まちづくり計画研究所所長）は、この情報を受けて原発事故の状況を、「好ましいことではない」と指摘した。

21時50分、枝野官房長官の会見報道——NHK

19時40分の会見からほぼ二時間が経過した21時50分、再び枝野官房長官の会見が行われた。NHKはその時間、津波が襲った仙台空港の映像を流しながら、空港事務所大平輝雄専務と電話中継でつなぎ、空港に残された人たちの様子をレポートしていた。それを中断して、会見に切り替えた。

21時23分、原子力災害対策特別措置法に基づきまして、住民避難の指示を出しました。原発から半径3キロ圏内の方々は避難、半径3キロから10キロのみなさんは屋内に退避していただきたい。これは念のための指示、避難指示でございます。放射能は現在、炉の外には漏れておりません。今の時点では、環境に危険は発生しておりません。安心して地元の市町村、警察、消防署などの指示に従ってください。安全な場所に移動するまで十分にあります。ご近所にも声をかけ合って、冷静に行動してください。自衛隊をはじめ支援体制を整えています。不確定な噂《うわさ》などに惑わされることなく、確実な情報だけに従って行動するようにお願いします。繰り返しますが、福島原子力発電所の件、原子力災害対策特別措置法に基づいて、半径3キロ圏内のみな様には避難を、3キロから10キロ以内のみなさんには屋内の退避をお願いします。

この会見を受けてのNHKスタジオのやり取りを再現しておこう。

大越MC　いまの会見によれば、半径3キロ以内は避難、半径3キロから10キロ以内の人は退避なんですね。

山崎　そうですね。3キロから10キロにおられる人は、まず外にいる人は建物の屋内に退避してほしいということなんですね。このときですね、国の発表によりますと、いま放射性物質が外に出ているというわけではありませんが、すみやかに家の中に入っていただいて、念のためドアや窓を閉めておいていただくということ、外に、万が一ですが放射性物質が出るようなことになったときに、中に入ってこないようにするということなんですけれど、家の外に出ておられる方は中に入っていただいて、ドアや窓を閉めてもらう、家の中におられる方は外に出ないようにしてもらう、ドアや窓が開いているようでしたら閉めてもらうことを、念のため、とってもらいたいということですね。

大越MC　はい。福島第一原発では六つの原子炉があるということですが、すべて停止していて、確認ですが、放射性物質は漏れるという重大な事態にはなっていないということですね。

山崎　そうですね。福島第一原発の六つの原子炉は地震の揺れで自動停止して、止まっています。ただですね、原子炉は止まっても熱い状態になっている。これを冷やしていかないといけないですね。そのうち、一号機と二号機で冷やす装置がうまく働かないということで、国は緊急事態宣言を出して、対応を始めているということで、今回、屋内退避と避難を出したということです。

現地からのレポートを流した民放

フジテレビは、枝野会見が始まる前の21時10分から福島県からの情報として、以下のニュースを流し、中林一樹（首都大学東京教授）のコメントを流している。

安藤MC　福島県によりますと、福島第一原発の二号機で原子炉の水位が下がり、このまま水位の低下が進みますと燃料棒が露出して、放射能が漏れる可能性があると発表されました。近隣の住民に避難を要請しています。

（一時、別のニュースに切り替わる）

安藤ＭＣ　一番心配なことが起こりつつあるんですが……。

中林　そうですね。……なぜ、水位が低下したか、が問題なんですが、水を回すモーターのディーゼルが壊れているということで情報があったかと思いますが、それによって水を回転できなくて徐々に水位が下がったか、どこか管が壊れて水が漏れているのか、その原因がわからないから、なんとも言いようがないのですが、可能性としては燃料棒が空中に露出するということは、非常に危ないですね。

また、21時32分にも、中林は、二号機の水位の低下の原因がまだ不明であり、水位の低下をどう止めるかがわからない状態にあることを指摘しつつ、「どのくらい水位があったか、低下のスピードがどの程度か、したがって時間的にどのくらい余裕があるか」「現場で回復の作業にあたる作業員が被曝するので、短時間で交代して作業する必要がある」「風向きが気になる」「この情報が近隣の方々に伝わっていることが重要」といった、いくつかのポイントを指摘している。

中林は原子力の専門家ではなく、防災の専門家である。だが、防災の専門家として、何を問題にすべきか、必要な視点を提起しているといえよう。

その後、フジテレビは、21時51分に経済産業省の建物の前から中継し、高見記者が「一号機、二号機、三号機の原子炉の水位測定のメータでは水位が確認できていないが、注水は機能している」との経済産業省からの情報を報告して、枝野官房長官の会見映像に切り替えている。

TBSは、枝野会見の後、その内容のポイントを簡潔に解説、津波被害の報道に切り替えた。会見内容を補完する情報を流したのは、22時55分、福島のスタジオからである。

松原MC　それでは福島から最新の情報を伝えてもらいます。

水津アナ　福島からです。東京電力福島第一原発の二号機で炉心の冷却ができない状態になっていて、放射能漏れの恐れがあるということです。そのため、国は、9時23分に第一原発から半径3キロ圏内の五八六二人に避難の指示を出しました。大熊町の夫沢《おっとざわ》地区の一、二、三区、オオクワ（ママ）地区の合わせて二八〇五人、双葉町は細谷地区、郡山地区、アラヤマ（ママ）地区、下条地区、山田地区、浜野地区の合わせて三〇五七人です。3キロ以内の地区の方は、近所に声をかけあって、すみやかに、落ち着いて避難してください。現在は、外部への放射能漏れは確認されていません。避難区域の住民は落ち着いてすみやかに避難してください。

TBSはこの後も、NHKとは対照的に、福島の現地、福島の原子力災害対策本部からの記者レポートをメインに据えて報道するスタイルをとった。さらに後述するように、避難住民の状況をもっとも伝えたのもTBSであった。

テレビ朝日は、原発に関する初期の報道は他局と比較して少なく、ストレートニュースで伝えた。19時56分に報道した後、原発報道に関する次の報道は「一号機、二号機、三号機が緊急自動停止したものの、外部からの電源が供給できない異例の事態」にあることを伝えた21時30分であった。21時24分には「燃料棒がむき出しの状態になっている可能性がある」、21時27分には「八台の電源車が向かっている」ことを伝えた。その後も、テレビ朝日は、スタジオに専門家を招いて解説を加えることはなく、22時22分、0時50分、12日2時8分に、電話取材のかたちで吉岡斉（九州大学副学長）のコメントを求めるにとどめている。スタジオから専門家の解説が始まったのは、12日14時17分、斉藤正樹（東京工業大学教授）が登場した時点からである。

日本テレビは、21時54分前後に放送した枝野官房長官の会見のライブ映像の後に、前述の21時29分で報じたニュース内容を22時、23時34分に繰り返し伝えることにとどめている。

政府情報に依拠した報道姿勢は各局共通

この時点までの各局の対応を振り返っておこう。各局とも、原発事故に関する報道時間量には長短あるものの、政府会見を中継で伝え、随時伝えている点では共通する。

ＮＨＫはもっとも早い時点で科学文化部の記者をスタジオに呼び、解説を行った。科学文化部の記者や解説委員の解説や説明を重視するスタイル、これがＮＨＫの第一の特徴となる。第二の特徴は、原発事故に関する情報を伝える出口をスタジオに一本化して、情報の一元化を行ったことである。錯綜した（あるいは誤った）情報が紛れ込んで、情報が混乱することを避ける、という「シングルボイス」（情報発信源の単一化）の考えからだろう。このスタイルは、12日の深夜から、専門家をスタジオに呼んで、ＮＨＫ側の記者や解説委員と一緒にコメントや解説を出すスタイルになっても変わらない。すべての情報を集約して、あるいは選択し、スタジオから一元的に情報を伝えるというスタイルが貫かれた。

このＮＨＫのスタイルは、事態がリアルタイムで進展するなかで、情報の混乱を避ける意味では、有効であったかもしれない。しかしそれは、政府や保安院の会見で明らかになった情報の伝達とその解説のみに収斂《しゅうれん》させてしまう（と視聴者に印象づける）一因ともなる。ＮＨＫのスタジオでの解説は、文字どおり、政府の会見内容をより詳しく説明し解説することに終始している。それは、避難する際の注意事項や屋内退避の意味を詳しく指摘するという点では、意味のあるコメントであったといえるかもしれない。だが、民放の解説者が指摘した、炉心の水位が実際にどうなっているか、原発作業員の被曝の可能性について、電源車がどこから、何台向かい、何時に到着したか等の基本情報がないなかで、それを問い質《ただ》し、疑問を提示するような、発話行為はまったく行われなかった。

それに対して民放は、経済産業省や官邸にいる記者の取材情報や、それぞれの系列地方局が入手している情報を基本に、在京キー局が押さえている情報を交えて、事故の状況を伝えるスタイルを採用した。民放各社のレポートによる「水位の計測ができていない」「福島県知事が独自に避難要請を行った」など、福島の対策本部からの情報や官庁の取材から得られた情報の発信は、政府の会見からはうかがい知れない情報や補完情報を提示したという点で評価されてよいだろう。NHKの報道では、情報が現場の取材先から直接伝えられるということがほとんどなかった。先に、「情報の一元化」と指摘した事態である。

このように、たしかにNHKと民放との違いは存在する。しかし「保安院によれば……」「枝野官房長官の会見によれば……」というリードが象徴するように、主要な情報のほとんどを政府からの発表に依拠していた点では、全局とも共通していた。しかも、この時点でもっとも肝心な、避難区域と屋内退避の設定にかかわる判断の基準が明示されないことを問題視して、その根拠を問い質すコメントはどの局にもなかった。会見内容を踏襲した解説の域を出ていないと指摘されてもいたしかたない。

各局の記者とも独自の取材を行い、政府発表とは異なる情報を入手すべく、努力したはずだ。だが、すでにこの時点で、複数の情報や視点を提示して、事態を立体的に把握し、立体的に情報をオーディエンスに伝えることの困難さが表面化していた。独自の取材が、この事故直後の初期の時点でどれほど行われたのか、あらためて問い直したい論点である。

いま述べた取材態勢という問題に加えて、ここで指摘しておくべきは、この11日の夜の時点での報道が、一号機、二号機、三号機の全冷却装置の機能喪失という事態の深刻さを十分認識したものであったか、という根本的な問題である。「二号機の運転状態が不明で原子炉の水位が確認できない状態」にあるとの発表が東電から21時55分に行われ、核燃料棒が露出し、むき出しの状態になりつつあった。さらに、電源車による回復もできない状態が続いた。この「異例中の異例」とでも言うべき「緊急事態」となっていることを、テレビの送り手側はどれほど認識できていたのだろうか。とりわけ、民放には存在しない科学文化部をもっているNHKの責任は重い。

吉岡は、前述したように、11日の時点での政府と東京電力の対応が「緩慢」で、「初動対応でしくじったことが、その後の事態の深刻化を招いた重要な一因である」と指摘したが、放送メディアも同じように事態の推移を楽観視していたのではなかったか。

このテレビの姿勢とそれが反映した解説内容の「緩《ゆる》さ」が、12日にはすでにネット上で指摘され、原子力分野の専門家やチェルノブイリ原発事故の取材にかかわったジャーナリスト等の発言がネット上に次々とアップされることになる。この点については、後述することにしよう。

21時50分の枝野官房長官の会見後、避難区域の大熊町や双葉町の住民の避難完了（NHKの報道で23時3分）、到着した電源車と電気回路をつなぐ作業の開始（NHK報道で12日2時8分）、二号機の原子炉の水位が5・4メートルから3・4メートルに低下していること（NHK報道で1時30分）など、あらたな情報を含む原発関連ニュースをNHK・民放とも順次報道した。NHKは22時46分、0時23分、1時30分、2時等、その都度繰り返し伝えた。民放も同様に、東京の帰宅困難者の様子を映す都内の中継映像や津波の被害を伝える映像をメインに据えながら、フジテレビの場合は22時4分、22時50分、0時16分、1時11分、1時50分、2時20分、3時15分に、TBSは、23時13分、0時46分に断続的に原発事故の状況を伝え、1時52分には「東京電力によると、福島第一原発一号機の圧力容器の圧力が上昇し、放射性物質が外部に漏れ出る可能性があり、これは異例中の異例の事態である」ことを伝えた。

専門家による解説報道

事態の深刻さを見通したとはいえない言語使用

12日3時過ぎから始まった枝野官房長官の会見は、次のような内容であった。

福島第一原子力発電所一号機について、格納容器の圧力が高まっている恐れがあることから、原子炉格納容器の健全性を確保するため、内部の空気を放出する措置を講ずる必要があるとの判断に立ったとの報告を、東京電力より受けました。経済産業大臣ともご相談いたしましたが、安全を確保する上でやむをえない判断であると考えます。

格納容器内の放射性物質が大気に放出される可能性がありますが、事前の評価ではその量は微量とみられており、海側に向いている風向きを考慮すると、現在とられている発電所から3キロ以内の避難、10キロ以内の屋内退避の措置により、住民のみな様の安全は十分に確保されており、落ち着いて対処いただきたいと思います。

NHKは、3時25分にVTRで、この枝野会見を伝えた。原子炉の構造を描いたフリップをはじめて使い、解説に努めたのである。

出山アナ　では、山崎記者に聞きます。先ほどの枝野官房長官の会見ですが、福島第一原子力発電所に関するものですね。

山崎　そうですね。今の会見での発表はですね、福島第一原発一号機で格納容器の圧力が上がっている可能性があるため、放射性物質が含まれている内部の空気を外部に放出する計画が進んでいる、その予定だ、ということを発表されました。いま、具体的にどういうことを実施しようとしているか、このパタン（フリップを提示）で説明したいと思います。

ここで、経済産業省の海江田大臣の会見（枝野会見と同じ内容）のニュースが入り、中断する。その後に、電話取材による関村直人（東京大学教授）のコメントが挿入された。

出山アナ　原子力が専門の東京大学教授・関村直人さんによりますと、格納容器内の放射性物質を含む空気の外部への放出は、格納容器内の圧力を下げるために、原発の敷地内にある排気筒という煙突のような施設から、何重にも設けたフィルターで放射性物質を取り除きながら行われます。格納容器内に含まれる放射性物質の量を調べた上で、排気筒から放出した際に原発の敷地の中や外にいる人に大きな影響がないか確認しながら行われるということです。

山崎さん、引き続きこの件について、解説してほしいんですが。格納容器の内部の圧力を下げるために行われるということなんですか。

山崎　このパタンで説明したいと思います。これが（フリップを指示して）核燃料が入っている原子炉ですね。この原子炉を守る容器がフラスコ状のもので格納容器と呼ばれるわけです。この格納容器内の圧力が上がっているということなんです。

出山アナ　格納容器内の圧力を示す計器が上がっているとのことでしたね。

山崎　どういうことが考えられるかというと、原子炉が止まっても高温になっているんですね。そこで水蒸気が発生している状態なんですね。おそらく可能性としては、原子炉につながっている配管や弁から高温の水蒸気が格納容器に漏れていて、格納容器の圧力が上がっている状況ということだと思います。

出山アナ　本来は、冷却水で冷やすものですが、それがいま、冷やしにくい状況になっている……。

山崎　そうですね、そもそも、この一号機は、原子炉を冷やす装置に不具合があってですね、予定どおり冷やせていない状況にあります。だから、この原子炉内の蒸気が格納容器内に漏れ出て、フラスコ状のこの格納容器の圧力が高い状態にあるんですね。格納容器は、原子炉で万が一のことがあった場合に、放射性物質をまき散らさないように守る、鋼鉄製の非常に頑丈なものなんですが……。

出山アナ　それが今回は内部の空気を外部に放出する、その危険性はどうなんでしょうか。

山崎　格納容器は大事なものなので、この圧力が上がりすぎて、これが壊れてしまう、そこで、壊れてしまうことをなんとしてでも避けたいということなんですね。圧力を下げるために、外につながる配管があってですね、これを開けてですね、少し開けて、中の空気を外に出すということをいまからやろう、ということなんですね。

出山アナ　そのまま出すわけではないですよね。

山崎　もちろん、当然ですが、格納容器の中の空気は放射性物質を含んでいる可能性が高いですからね、出した場合ですね、最終的には煙突から出るんですが、途中フィルターがいくつかあって放射性物質を取り除く構造になっています。ただし、すべて取り除けるかというとそうではない場合もあって、場合によっては、空気が外に出るのと一緒に放射性物質が外に出てしまう可能性がある。ただ、出た場合でも、国の発表だと微量だというようなことを会見では説明しています。

このように文字で書き起こしてみると、いくつかの特徴が浮かび上がってくる。

一つは、原子炉を図示したフリップで、圧力上昇という事態がどこで発生し、放出がどう実施されるか、説明したことである。第二に、しかし、原子炉内で水蒸気が発生しているることからただちに想定できる冷却水の水位の低下がもたらす核燃料棒の露出とメルトダウンの可能性には、まったく言及されていないことである。第三に、出山アナの「冷やしにくい状況」といった言語使用、山崎の「原子炉を冷やす装置に不具合」といった言語使用、「放射性物質が外に出てしまう可能性がある」という言語使用から理解されるように、きわめて慎重な、というよりも事態の深刻度を十分に見通したとは考えにくい言葉が用いられていることである。すでに事態は、「冷やしにくい状況」ではなく「冷やせない状況」にあり、「放射性物質が外に出てしまう可能性がある」という状況を超えて、ベントを実施すれば「放射性物質が外に出てしまうことが確実な状態」にあった。にもかかわらず、こうした言葉が使われた。第四に、ここでも政府の設定した説明の枠組みのなかでの解説に終始していることだ。放射性物質が外に放出される場合でも、その量は微量である、という政府見解を、どのくらいの量の放出か、放出の時間がどれほどか、という情報や見通しもないまま、そのまま伝えていることにそのことがよく示されている。しかも、すでにネット上のさまざまな情報では、ベントされた際にかなりの放射性物質が外に漏れ出すとの危険性が指摘されていたし、核燃料棒がほぼ「空《から》だき」の状態にあるとの指摘もなされていた。NHKの報道は、政府会見内容に忠実であった。

専門家の解説に局アナが自己解釈を加えて「安心」を強調

民放はこれをどう伝えたのだろうか。12日に日付が変わった直後から、各局とも専門家をスタジオに呼んで解説・コメントを流していく。この点に着目して検証しておこう。

フジテレビでは越塚誠一（東京大学教授）が解説した。

本田アナ　バッテリー切れで冷却機能が停止していた福島第一原発二号機では、（11日午後）10時に原子炉の水位は燃料棒より3メートル40センチ上回っているということです。保安院は、通常水位は5メートル40センチということで、二号機は安定している、圧力容器は十分冷やされているとの見方をしています。二号機の電源車もすでに到着していて接続作業が行われています。一方、三号機についても、二号機と同様にバッテリーが切れる恐れがあり、注水機能が切れる恐れが高まっています。しかし、こちらも水位が燃料棒の高さより4メートル50センチ上回っており、三号機用の電源車もまもなく到着する見込みだということです。保安院は、現時点では放射能漏れの恐れはないとして、引き続き情報を確認しています。

奥寺アナ　原発の中心から半径3キロ圏内の方々には、これは、念のため、ということで、避難指示が出ていますが、現時点として放射能漏れはないという発表があるわけですが……。それにしても、越塚先生にお伺いしたいんですが、水位が燃料棒を何センチ上回る下回る、これはもっと具体的にどういうことなんですか。

越塚　原子炉は停止した後でも、水によって冷やさなければいけません、燃料棒より水位は高くしなければならないんですけれども、いま伺っていますと3・4メートル上回っているという。そうするとですね、当面は放射能が出るというようなことは考えられない、考えにくいと思います。

奥寺アナ　燃料棒が出ると放射能が出るんですか。

越塚　いま水位が高いと発表されておりますが、これであれば恐れはないと思います。

奥寺アナ　ただ、今後のことはどうなんでしょうか。

越塚　今後については、いま、電源を回復してポンプを動かして水を入れるような方法、いろんなやり方を考えて頑張っているようなので、いま3・4メートルで、これ以上下がらないように、やる必要があろうかと。

奥寺アナ　冷却する電源に問題が生じて、不具合が起きる可能性があったんだけれども、別のかたちでパワーサプライできるようになったので、大丈夫だということでしょうか。

越塚　完全に電源は回復していないかと思うんですが、電源車が到着しているんですか（ここでアナが電源車が到着しています、と発言）。そうですか、そうしますとポンプも動かせるようになりますので、水の供給が回復すると思います。

奥寺アナ　ということで、放射性物質が漏れる恐れはないと……。

越塚　現時点ではそういうことだと思います。

奥寺アナ　そういう意味ではご安心いただきたいと思います。

ここで注目したいのは、二号機の水位が一定の高さを維持しているという情報に基づいて越塚が慎重な発言を行っているのに対して、局側のアナが自己解釈を加えて、「大丈夫」「ご安心ください」という言表を創り出していることだ。また、二号機に関しての質問に対する回答とはいえ、越塚が「電源車が到着して、電源は回復できるだろう」という見通しに基づいて発言している。

しかし、電源車による電源回復は果たされず、放射能漏れが明らかになる。

TBSは、2時43分、「東京電力によると、一号機の圧力容器の圧力が上昇しており、内部の蒸気を放出することを検討して」おり、「電源を確保すべく努力している」こと、3時10分には「圧力が安全基準の二倍になった時点でベントする予定である」こと、3時12分から枝野官房長官の会見のVTRを流すなど、次々に入る新しい情報を伝えた。「保安院によれば、福島第一原発の敷地内で通常の八倍以上の放射線量が測定された」「放射能が漏れた可能性がある」ことを伝えたのは6時37分のことである。さらに事態は悪化し、7時17分には「保安院と東京電力からの情報として、格納容器の一部が破損した可能性があり、中央制御室で通常の一〇〇〇倍の放射線量が測定された」ことを伝えた。

慎重な言い回しで「念のため」の避難であると報じる

この日の早朝、ヘリコプターで福島県の被災状況と福島第一原発の視察に向かう菅総理の会見が6時10分に始まる。その骨子は、格納容器の圧力が高まっていること、午前5時の段階で二倍になっていること、電源が確保できないため、格納容器の圧力を逃すための弁の開放ができず放出の見通しが立っていないこと、したがって放出する時間も決まっていないこと、中央制御室では通常の一〇〇〇倍の放射線量が観測されていること、福島原発の正門のモニタリングポストの値が通常の八倍程度に上がっていること、そのため避難区域を10キロ圏内に拡大する、という諸点であった。これを受けて各局は、一斉にこの内容を伝えた。

緊迫感が増すなか、福島第二原発でも「一号機、二号機、四号機の原子炉の冷却ができない」ことがわかり、緊急事態通報が出されたことが流された。NHKでは7時30分の時点である。

この時点における各局の報道内容を検証しておこう。関村は7時31分の時点で、外部放出と放射性物質の飛散について、次のように解説した。

森本アナ　緊急性の高い福島第一原発一号機のほうですけれども、避難の範囲が3キロから10キロに拡大され、屋内退避がなくなったということなんですが……。

関村　格納容器というのは、この中に燃料がありますが、原子炉を覆《おお》っている、この黄色の部分（フリップを指して）、格納容器というのがございまして、万が一放射性物質が出たとしても、外に漏らさないようにという働きをしているものです。しかし、十分冷やしていないと圧力が上昇するということですね。したがって、場合によっては、放射性物質が外に漏れ出す可能性もないわけではないので、（避難区域を）拡大したわけです。

森本アナ　冷却で十分圧力が下がらない場合は、外部に放出するという予定もあるということですね。

関村　はい、外部に放出するとこれにも（フリップを指して）書かれていますが、しかし、原子炉の中の燃料や容器は破損しているわけではございませんので、ここには書かれてはございませんが、フィルターを通じて放射性物質をうまくとらえたかたちで放出するというかたちであれば、微量の放射能が出る可能性はございますが、人体に大きな影響を与えることはないだろうと考えています。

きわめて慎重な言い回しが多用されている。早朝の5時28分の段階では、関村は、格納容器が「場合によっては変形や、破損に至る可能性もないわけではない」ために、格納容器内の気体を外に放出する予定であると指摘していた。7時30分の時点でも、放出したとしても微量の放射性物質が漏れるだけであり、人体には影響はないこと、原子炉の燃料が破損するような事態には至っていないことが明言される。格納容器の「変形」や「破損」

という事態に言及はしているものの、この段階では、格納容器が爆発する可能性や炉心溶融の可能性はないという判断を示していることがわかる。

従来の認識枠組みでしか思考できない専門家

9時55分、フジテレビに出演し、この後もフジテレビやTBSにも解説者として登場した澤田哲生（東京工業大学助教）は、次のように説明した。

境アナ　海江田経済産業相は、福島第一原発一号機、二号機、三号機の圧力を制御するよう東京電力に命じました。これを受けて東京電力は、格納容器の圧力を下げるため格納容器の弁を開ける作業に入る予定だということです。

安藤MC　澤田先生、これはどのようなことを意味するんでしょうか。

澤田　なぜ格納容器の圧力が上がっているかなんですが、それはそもそも地震発生直後、なかなかここ（パネルの圧力容器を指示）をちゃんと冷やせなかったんですが、そうしますと原子炉の核分裂を止めたとしても、通常の三％くらいの熱がじわじわと出て、それを放っておくと、この中が熱くなって、この上部にある蒸気が増えて、圧力が高くなるんですね。……それはよろしくないんで、圧力容器の（蒸気を）逃がすんですね。そうしますと、その外の格納容器の圧力が上がる。そこで、（圧力容器から出た蒸気に）微量ですが放射能が含まれていますので、格納容器内の放射能も弁を開けると出るんですね。……その外は大気中で、人が住んでいる地域にも……。

安藤ＭＣ　そうしますと、出される放射能の量なんですが、先ほど、微量と言いましたけれど、私たち放射能と言われると、それだけで恐ろしくて、微量と言われても疑わざるをえないんですが。

澤田　安藤さん、いま、この部屋にも放射線はありますので。それが、年間、どこにでも、日本でいうと平均2・4ミリシーベルトを一年間で受けていて、どこにいようと、何をしようと。ですから、逃がしてもいいというのは、それを上回る数値ではない。2・4ミリというのは一年間の量なんです。いま、スーッと出す量がどれほどか、正確には言えませんが、普段われわれが受け取っている2・4ミリシーベルトの何倍にはならない。

安藤ＭＣ　その数値を上回るものではないと……。

澤田　多少、上回るかもしれませんが、そんなに心配する必要はない。

安藤ＭＣ　健康に対する被害はないと……。

澤田　そんなに直接、被害が出ることはない。

この澤田の説明は、この時期に行われた解説の特徴をよく表している。格納容器の弁を開ける対策を講じるという東電や保安院の説明では、どの程度の時間、弁が開放されるか説明が行われたわけではない。したがって、どの程度の放射能が大気中に飛散するかは不明だった。しかしながら、飛散する放射性物質の量が定かではないにもかかわらず、放出される放射能は微量であることが断定的に主張され、健康への被害はないとされた。

一号機、二号機、三号機の非常用ディーゼル発電機が故障停止してから一八時間以上が経過している。その間、電源回復も行われず、炉心の熱で冷却水が蒸発し、12日の早朝には一号機の圧力容器の圧力が急上昇していることが報道されていた。しかしそれでも、この時点での専門家は、燃料棒の一部損傷があるにしても、炉心溶融の可能性や格納容器の損傷はないことを繰り返し述べていた。

しかし、実際には、保安院の事後解析によれば、一号機はすでに11日の夜の段階で冷却水が蒸発して、水素が発生し、炉心溶融が始まっていた。

さらにいえば、保安院は11日の18時時点で、東京電力は11日18時30分の時点で、炉心の損傷を推定していた。

なぜ、専門家は状況判断を誤ったのか。政府や保安院、東電からの情報が不足していたことを理由に挙げることはできる。あるいは不正確な情報しか与えられなかった、判断に必要な情報が少なかった、ということも理由の一つかもしれない。しかし、それ以上に、彼ら原子力関係者にとって、「想定外」の混乱した状況を適切に判断する枠組みが欠如し、従来の「想定内」で思考する「正常性バイアス」が存在していたのではないだろうか。すなわち、事態が想定を超えたまったく別のステージに移行したにもかかわらず、従来の認識枠組みでしか思考できなかった。それが理由ではないか。結果として、事態の深刻さは十分に認識されず、視聴者に伝えられなかった。

さらに、政府が12日の朝5時44分に10キロ圏内の避難指示を出した根拠を問い質す発話行為もなかったことにも留意したい。そのことを正面から問うことなく、メディアは漫然と「念のため」の避難であることを繰り返し報じたのである。

すでに指摘したが、こうしたテレビメディアの放送内容に対して、少なくない数の専門家が不満の声を上げ、さまざまな手段を使ってネット上に情報を発信した。後述するが、原子力資料情報室の緊急記者会見が開かれたのは、12日の夜であった。それは、テレビが伝える情報や専門家の事態把握が不適切なものであり、事態がきわめて深刻であることを伝えるために緊急に開かれた会見だった。

さらにここで、もう一つの事実を指摘しておかねばならない。

それは、すでに12日の朝の段階で、原発の周辺地域には放射性物質が飛散していたという事実である。文部科学省、日本原子力研究開発機構、東電、東北電力、さらに福島県も、実際には12日の早朝から放射性物質の飛散状況を把握するために放射線量の測定調査を行っていた。浪江町《なみえまち》酒井地区では15マイクロシーベルト、高瀬地区では14マイクロシーベルトが観測されていた（朝日新聞2011年10月6日付「プロメテウスの罠」）。浪江町の警察官は、12日朝には防護服を着用していた。さらに大熊町でも、警察官が防護服を着用して住民に「早く逃げろ」の指示を出していたのである（福長秀彦「原子力災害と避難情報・メディア」、『放送研究と調査』9月号、NHK出版、2011年）。政府の中枢、警察は、すでに放射能が飛散していることを把握し、しかもどの地点で放射線量が高くなっているのかをつかんでいた。

メディアは、その事実を把握できていなかった。

第3章

福島第一原発一号機の爆発

覆い隠せない〈現実〉と〈安全神話〉の間で

水素爆発で鉄骨がむき出しになった福島第一原発一号機
東京電力提供（写真＝朝日新聞社）

事態の深刻さに見合った報道はなされたか

一号機のベント開始の報道にみるNHKと民放の認識の違い

12日10時17分、一号機のベントがようやく開始された後、保安院の会見での情報として、炉心の核燃料棒が11時20分の時点で90センチ露出しているとNHKが伝えたのは12時15分である。これをふまえて山崎淑行記者は、12時15分には「9時からベントが始まり、放出。燃料の頭が出たという状況。保安院によると、ただちに燃料棒が壊れることはない」と解説した。その後13時15分には「燃料棒は壊れていない。無用に外には出ないように。放射能が外に出ることも起こりうる」と注意を喚起した。

保安院が述べた「燃料棒は壊れていない」という情報は、約一時間半後の13時45分には覆される。保安院が「第一号機原子炉の炉心の一部が溶けた可能性が否定できない」と発表したからである。さらに事態は深刻化する。一号機原子炉に対する注水が午前中から開始されていたものの、水位が上がらず、なんらかの破損がある可能性が指摘され、15時7分、「セシウムとヨウ素が検出された」ことが伝えられた。

15時25分の保安院会見では、14時ごろから一号機のベントの作業が行われ、格納容器の圧力が低下し、さらにモニタリングの観測値が上がったとの内容が発表された。正門のモニタリングポストで、13時30分で4・8マイクロシーベルトであった値が、14時30分現在で9・979マイクロシーベルト／時に上昇したという内容である。

テレビ朝日は、13時50分に「一号機で圧力容器の中の水位が下がり、50センチ燃料棒が露出した」「第一原発の正門付近で通常より八倍の放射能が観測された」と伝え、14時17分には「170センチほどの燃料棒が露出して、このまま溶融すれば大変な事態になる」ことを伝えた。解説者の斉藤正樹（東京工業大学教授）は、アナの「この状況についてどうお考えですか」の問いかけに、「崩壊熱で熱くなっている。熱を取り続けることが必要で、メルトダウンが起きている」との認識を示した。15時になると、テロップの表示は「炉心溶融始まったとみられる」になった。

ＴＢＳは、12日の午前から原子力資料情報室共同代表の西尾漠を解説者に迎えて報道する。13時18分の段階で、西尾は以下のように発言している。

長峰アナ　この状況をどう判断されますか。解説をお願いします。

西尾　実際どうなのか、まだはっきりしないところもあるのですけれど、言われているとおりだとすると、すでに燃料棒が溶け出している可能性がある。90センチ露出しているという表示が出ているということは、非常に憂慮すべき状態にある。10キロ圏内避難は、そのこともありうるだろうということを見通して、やっているわけですね。

さらに、13時50分の報道では、西尾に加えて大竹政和（日本地震学会会長、原子力安全委員会原子炉安全専門審査会委員、東北大学名誉教授）を迎え、次のように伝えた。

大竹　非常に深刻な事態です。最悪のことを考えると、全員の避難を確認しないで弁を開けなければならないことも想定しないといけない。

私は、言葉を失います。大変な事態です。ただ、いまの状況がきちんとつかめていないので、最悪のことばかり考えてはいけないので、それを招かないよう全力の努力をつくす必要がある。

このあとTBSは、14時13分、保安院からの情報として、「一号機の周辺でセシウムが検出されたことで、圧力容器の核燃料が溶け出したとみられる」ことを報道し、テロップには「炉心溶融か」という文字を流した。事態を深刻に受け止めるべきとの報道を行ったといえる。

さらに、15時13分には、住民の避難が完了しておらず、13時20分の時点で、避難した人数が「大熊町の四〇〇〇人のうち三五〇〇人、双葉町の二〇〇〇人のうち一八〇〇人、富岡町の一万六〇〇〇人のうち一万五五〇〇人、浪江町の一万七〇〇〇人全員、楢葉町《ならはまち》の七〇〇〇人の七〇〜八〇%」であることを伝えた。

15時25分の保安院会見の中継に続いて、NHKでは山崎と関村直人（東京大学教授）による解説報道が行われた。関村は、「弁の開放に成功したことによって、格納容器の圧力が下がり、格納容器が壊れることはさせない」状況になったこと、さらに放射性物質の影響についても、「ベントを行って、格納容器の圧力が下がり、その結果として放射性物質を含んだ気体や蒸気が外に出ることになりましたが、その量がどれくらいか注意深く見守ることが必要かと思います。今の段階では、それほど大きな量にはならないと思います」と説明した。

上記の、民放の報道に見られた事態の深刻度に関する認識と、この15時25分におけるNHKの認識との間には大きな開きがあることがわかる。

事実、このNHKの解説が行われていたほぼ同時刻に、第一号機は水素爆発を起こしていたのである。

一号機の爆発、日本テレビの爆発映像はなぜ遅れたのか

15時36分、一号機の爆発の瞬間をとらえたのは、日本テレビ系列の福島中央テレビのカメラである。白煙が上がり、北西に煙が流れ、かすかに炎も確認できる映像であった。

その後に、枝野官房長官は会見でこの爆発を「爆発的事象」として言語化したが、それは明らかに「爆発」そのものであった。政府はあくまで「爆発」という事態をオブラートに包んで、「爆発に近い事象」というニュアンスでこの事態をとらえ、伝えようとした。覆い隠せない「現実」をどのような言葉で表現し、伝えるか。言語をめぐる闘いが繰り広げられていく。

ところで、この決定的な瞬間をとらえ、速報したのは、日本テレビ系列の福島中央テレビだけだった。それには理由がある。福島のローカル各局は二年前に福島第一原発、第二原発の近くにハイビジョン情報カメラを設置して二四時間収録していた。しかし、これが地震で使用不能となる。これに対して福島中央テレビは、原発から17キロ離れた地点に十数年前に設置していたSDカメラが機能したことで、唯一この瞬間をとらえたのである。

報道制作局長の佐藤崇は、この映像を見たときの感想をこう述べている。

「東京電力や第一原発に電話を入れても事態は把握できなかった。国の原子力緊急事態宣

言のもと、何かが起きているのは間違いない。そしてその周辺には何万人という住民がいる。格納容器が外から見える原発で、これから何が起きるのか。震えが止まらなくなった」（「福島第一原発・水素爆発の瞬間」、『社報日テレ』第４６１号、２０１１年）。

カメラがとらえた一号機の爆発による火災と空高く舞い上がる白煙の映像は、「事実を早くと伝えるべき」との福島中央テレビの判断で、爆発から四分後にローカル放送で約九分間中継された。福島の人びとはこの映像を見て何を思い、考えたのだろうか。佐藤が述べたように「これから何が起きるのか。震えが止まらなくなった」のではないだろうか。

このローカル局で放送された映像は、もちろん、日本テレビ本社の報道局にも届いている。しかし、この映像が日本テレビ系列の全国ネットで放送されたのは、爆発からすでに一時間一四分も経過した16時50分であった。驚くべき事態である。

この時間帯に日本テレビは、相馬市、陸前高田市のヘリコプターによる救助作業を中継していた。なぜこの中継を優先させたのだろうか。福島から入った映像が何を物語るか、その判断が遅れたのか、あるいは放送することに躊躇《ちゅうちょ》してしまったのか。日本テレビはその間、すでに映像を入手し、福島中央テレビから「早く放送するように」と要請されていたなかで、どのような対応をとろうとしたのだろうか。

２０１２年１月31日の朝日新聞（「プロメテウスの罠」）は、日本テレビの広報担当副部長、小塩真奈の説明として、「福島中央テレビは速報性を重視した。日テレにもすぐに映像は届いていた。だが、何が起こっているのか、その分析がない中で映像を流すと、パニックが起こるのではないかと危惧した。映像を専門家に見てもらい、解説を付けて放送した」との見解を報じている。

この説明のとおりかもしれない。しかし、後述のように、その映像を放送するに際して、日本テレビは、いったん福島中央テレビに振ってから、東京のスタジオが引き取る、という不自然な操作を行っている。また、時間をかけて検討したはずの解説も的を外したものだった。国民の知る権利（市民の健康と生命に直結した事象であればなおさら）に答えるべくいちはやく放送すべきであり、パニックを恐れるのであれば、パニックを引き起こさないように、報道すべきではなかったか。

これ以外にも、いくつかの疑問が残る。日本テレビが一号機の爆発を伝えたのは、16時50分ちょうどの時間であった。そして、日本テレビ以外の局が一号機の爆発を伝えたのは、TBSは15時39分、NHKは16時52分、フジテレビは16時51分、テレビ朝日は17時5分だった。ただ、TBSが15時39分に報じたときは、まだ事態を把握できず、「3時半ごろ、一号機付近から水蒸気と思われる白い煙が上がっている、原因は不明です」とだけ伝えている。このTBSを例外として考えれば、奇妙なことに、日本テレビ、フジテレビ、そしてNHKはほとんど同時刻にこの事態を伝えたのだ。

なぜ、一号機の爆発から一時間一四分も経過した後に、この重大な事態が報道されたのか。あまりに重大な事態が発生したために、どのように報道・解説すべきか、その判断に時間がかかったというのが日本テレビの説明だが、放射性物質の飛散による住民への影響を考慮するなら、一刻も早い報道が求められていたはずである。一時間一四分という時間差は、あまりにも大きい。しかも、NHK、フジテレビ、そして爆発映像をいち早く入手していた日本テレビが、なぜほぼ同時刻に報じることになったのか。すべての局に説明してほしいものだ。

さて決定的な瞬間をとらえたこの映像は、唯一NHK特集で使用された以外、日本テレビの独占映像として他の局から流されることはなかった。そのため多くの市民は、インターネットのサイトにアップされた映像を通じてこの事態を知った。BBCは爆発時の映像をネット上にアップしたため、メディア関係者のみならず、一般市民からのアクセスが相次いだ。一部に、爆発の映像が放送できなかった各局に対して、情報隠しといった噂が流れたが、実際にはこうした状況があったのである。国内で起きた、しかも緊急の重大な事態を、国内のテレビではなく、外国のテレビやネットで見ることになるとは、まことに奇妙な、なんと転倒した事態だろうか。

一号機爆発を専門家はどう解説したか①——日本テレビ

爆発映像を伝えた日本テレビは、その前に新宿駅から記者が交通情報を伝えていた。その後、いったん東京のスタジオに映像を切り替え、16時49分36秒に福島中央テレビのスタジオに切り替えて、福島から情報を伝えた。

大橋アナ　福島第一原発事故のトラブルで、第一原発の正門では通常の二〇倍の放射線量が確認されました。さらに、共同通信によりますと、放射線量はさらに上昇し、七〇倍に達したということです。保安院によりますと、……（ここで突然、報道の流れが中断）ご覧いただいていますのは、3時36分の福島第一原発の映像です。水蒸気のようなものが、福島第一原発一号機からボンという音と（一緒に）噴き出しました。水蒸気と思われるものが噴き出したのは、福島第一原発一号機付近とみられます。ご覧いただいている映像の、向かって左側が一号機のある建物です。こちらから水蒸気とみられるものが噴き出しました。

矢島アナ　いま、福島から伝えてもらったように、動きがあったようです。いま、映像が流れましたけれども、何か爆発のような……、煙のようなものが……。

有冨　その前に、あの保安院の説明のときに、爆破弁を使って……。要するにどういうことかというと、破壊して、ディスクのようなものを破壊して、壊す弁のタイプのことです。

矢島アナ　ご説明いただけますか。

有冨　通常は排気筒というものを通して（放射性物質を）出します。（説明用のフリップを指して）ここには書いてありませんが、通常は（排気筒に）フィルターがついていまして、放射性物質が全部出ることはありません。たとえば、九〇～九五％は除去されて出てきます。出方は少ないです。でもなんかわからないです。爆破弁を使って、先ほどの絵では、水蒸気が出てきましたね。

矢島アナ　それにしてもあれは爆発ではありませんか。

有冨　全体に出るような、充満するようなかたちで出てきました。

矢島アナ　あれは水蒸気ですか。

有冨　水蒸気です。

矢島アナ　こちらの映像ですね。なにか爆発のようなかたちで。

有冨　あの水蒸気が、水蒸気だと思いますが、出てきましたね。

矢島アナ　これは、爆破弁というものを使って、意図的に出したものですね。

有冨　はい、意図的なものだと思います。

解説したのは、有冨正憲（東京工業大学原子炉工学研究所長、原子力安全委員会専門委員）である。彼は、この解説に続けて、こうした爆破弁による放出は彼自身もまったく知らない事態であり、異常な事態であることを強調した。

日本テレビは、福島第一原発一号機の爆発という事態を、「意図的に、爆破弁を通じて行った放出である」と伝えたのである。

「爆破弁を通じて行った放出ではないか」という説明は、以下で述べるように、NHKの解説者・関村の最初の想定でもあった。

一号機爆発を専門家はどう解説したか②——NHK

NHKは16時52分31秒、一号機爆発のニュースを伝えた。これにより原子炉への注水用のホースが損傷し、注水が不可能となり、四人の作業員がけがをした、と報じた。

武田アナ　原発に関する新しい情報です。保安院によりますと、福島第一原発で、午後4時ごろ、一号機あたりで爆発音が聞こえた後、煙のようなものを目撃したという情報が、原発にいた人から寄せられました。保安院はまだ詳しいことはわかっていないということで、状況を調べています。東京電力福島事務所は先ほど会見し、3時30分ごろ、福島第一原発周辺でドンという爆発音がした、その一〇分後に白い煙のようなものが見えるという情報が入った、作業員数人がけがをしていると話しています。福島県警察本部が情報の確認を進めています。

これが最初の情報である。その数分後には、ヘリコプターから撮影されたと思われる16時40分ごろの福島第一原発の映像が流れた。それは、明らかに一号機のある場所の建物の外壁が壊れて骨組みだけになっている映像であった。しかし、不思議なことに、その映像がずっと画面で流されているにもかかわらず、スタジオにいる山崎と関村はこの映像とはかかわりなく、解説を行った。

武田アナ　いま見ていただいている映像は、午後4時40分ごろのものです。いま、煙のようなものは見ることができますが、確認することができません。

こう述べた後、これまでの情報を繰り返し、画面の映像には一切触れずに、山崎に解説を求めた。

武田アナ　山崎記者と話します。午後4時ですが、一号機のあたりで爆発音がした後、煙のようなものを目撃したという情報が寄せられたということですが、どういったことが考えられますか。

山崎　情報が錯綜していてはっきりしたことはわかりません。先ほどの映像にありますように、煙のようなものが出ていました。それでですね、いくつかの理由が考えられるのですが、まず、いろんなものがありますが、地震の揺れで破損して、ボイラーなど、油、潤滑油などを使う設備が多くありますが、それらのものがなんらかの原因で引火して火がついて煙となって出ているのかもしれません。もしくは、核燃料が破損して漏れているということが発生しています。それでですね、場合によっては、水素が発生するということが考えられます。これはあくまで仮定ですが、水素が引火して爆発したということも考えられます。しかし、いまの状況は情報が錯綜してよくわからないということです。

（中略）

武田アナ　関村さんにお越しいただきました。爆発音があったということですが……、どのような印象ですか。

関村　いまの爆発音ということですか……、はい、格納容器の圧力を下げるという作業をしておりますので、その一環として、爆破弁というのがあるんですが、それを作動させて一気に開けて圧力を抜いたということがあるのかな、と思います。まだ、情報がありませんので、よくわからないことが多いのですが……。

武田アナ　爆破弁とは？

関村　圧力が高まっている場合に、そこを一気に圧力を下げるためにある弁で、それを作動させた可能性もあるのかな、と……。

情報が錯綜するなか、事態を把握できないでいることがうかがわれる。その後、9時の映像と16時半ごろの映像の比較が行われるが、それでも不可解な会話が続いていく。17時をまわり、アナウンサーが武田真一から野村正育に替わる。

野村アナ　テレビ画面が映っています。鉄塔の隣に鉄骨が見えるんですが……。

山崎　よくわかりません。高い塔は排気筒ですね。

野村アナ　いま情報が入りました。画面で骨組みが見えています。元々は壁があった建物ではないかと思われます。建物の外壁が壊れているように見えます。いまの映像を見ますと、一号機があった場所の建物の外壁がなくなっているように見えます。まだ詳しいことはわかっていないようです。

いま映像が替わりまして、この映像を覚えておいてください。午前中の映像です。午後4時半の映像に切り替えます。午前と午後を比較してみてください。……一号機のあたりが、骨組みだけになっているように見えますが。

山崎　いま見える骨組みが一号機の原子炉の建屋だとすると、大変な事態が起きていると思います。

野村アナ　これが4時過ぎの映像です。午前中にあった建物が、4時過ぎに鉄骨になっています。

山崎　たしかに比較しますと、場所的に一号機の建物があったところが骨組みになっているように見えますが、まだまだ確かな情報が入っていないということで断言することは難しいですが……。これほど大きな爆発があったのか、ですね。

午前の映像と午後の映像が流され、一般の視聴者でも一号機の原子炉の建物の外壁が壊れていると判断できる映像が映し出されたにもかかわらず、山崎はその判断を躊躇していることが見て取れる。

野村アナ　いま新しい情報が入ってきました。保安院は午後5時15分から会見を行うということです。

いま画面が二分割になりまして……、上下で比べてみますと、外壁がなくなっているように見えます。

山崎　まだ確かな情報が入っていません。映像を見るかぎり、一号機の建物のあったところが骨組みになっているように見えます。万が一、爆発があったとしたら、放射性物質が大量に外に放出されている可能性があります。周囲に住む方、10キロ圏内からまだ出ていない方、まずですね、家の中にいてください。外に出ないでください。窓、扉を閉めてください。換気扇を止めてください。大量の放射性物質が出ている可能性があります。

（中略）

野村アナ　これまでの弁を開ける過程で、爆発音がして、白煙が上がるということは考えられますか。

関村　なかなか考えにくいと思っていたんですが、建屋が爆発したとすると、放射性物質を閉じ込めておく最後のバリアが失われたということになります。もしも原子炉や格納容器が壊れているとなりますと、大量の放射性物質が屋外に放出されるという事態が起きているという仮説が立てられます。

野村アナ　ただ、まだ可能性ということですね。外壁がなくなっているのが、原子炉の建屋か、タービン建屋か、まだわからない。

この解説のシーンで、最後に、山崎は「重大な事象が起きています。屋外にいる方はすみやかに家の中に、建物の中に、入ってください。こうした重大な情報、東京電力、保安院は適宜、情報を出していますが、こうした重大な事態における情報について、われわれも入手できなかった。保安院や東電の情報の出し方、非常に重要な局面に来ています。これは徹底的に糾弾《きゅうだん》されるべきですし、しっかりと必要な情報を住民、そしてメディアにも出していただきたいと思います」と述べて締めくくった。

上記の「なかなか考えにくいと思っていたんですが、建屋が爆発したとすると」という関村発言は、彼が水素爆発の起きる可能性を少しは予期していたこと、しかし彼は、可能性として潜在していた「現実」を否認し、あくまで現状を甘く評価していた、ということを物語っている。午前と午後の映像を比較するまで、彼は、爆発ではなく、圧力低下を一気に行う「爆破弁」による操作の可能性を示唆していた。

また、山崎の最後の発言は、自らの解説のベースをなした保安院や政府の情報が不十分であったことを突きつける事態の発生、これまで解説で繰り返し指摘した以上の、予期できなかった「重大な事態」の発生にたじろぎ、困惑していることを示している。十分な情報を提供してこなかった保安院や東電に対する、「糾弾されるべき」という異例ともいえる発言から伝わるのは、彼の忸怩《じくじ》たる思い、自責の念ではないか。

一号機爆発を専門家はどう解説したか③——フジテレビ、TBS

他の局はどう伝えたのか。フジテレビで解説を担当していた澤田哲生（東京工業大学助教）の発言を見ておこう。フジテレビが第一報を伝えたのは、16時51分である。その数分前に彼は、一号機からのベントが成功し、その後自衛隊中央特殊武器防護隊が向かっているとの情報をふまえて次のように指摘した。

奥寺アナ　この陸上自衛隊は汚染物を除去する隊ということですけれども、セシウムというのは大気中に出ているものですか。

澤田　大気中ですけれども、沈降して、下に落ちてくるものもありますが、大気中のものも含めて、人体にいきなり重篤《じゆうとく》な影響を及ぼすものではないですけれども、人体に吸引したりしないほうがよいので、除染作業を迅速にやるということですね。

奥寺アナ　繰り返しになりますが、大気中の濃度というのはマイクロシーベルトというう……。

澤田　そうですね。非常に少ない量ですから、そういう場所から立ち去ればいいわけですよ。大気中、大気に乗って拡散していきますので、そういうものが出てきたところからできるだけ回収する、除染するということですね。

このように解説を加えた後に、爆発音がしたという情報が入った。

奥寺アナ　いま、情報が入ってきました。福島県警からの情報です。一号機で爆発音がして、白煙が出ているということです。（福島県警は）原発から半径10キロ圏内から至急出るように要請しているという情報があるということです。澤田先生、爆発音が聞こえたということですが……。

澤田　ひとつ考えられるのは、われわれがシビアアクシデントを評価する場合に、被《ひ》覆管《ふくかん》があります。これは燃料を覆っている管の覆いですが、ジルコニウムでできている。これが高温で水と反応すると水素が発生します。これが大量に発生し、濃度が高くなり、なにか発火点があると爆発する可能性がある。それはかなり、状況がシビアに進んでいる場合のことで、……この段階で……わかりませんね。

澤田の発言は、水素爆発の可能性に言及したものの、この段階では事態がそこまで進んでいるとは判断できないとのニュアンスで語っている。

前述したように、ＴＢＳは「一号機付近から水蒸気と思われる白い煙が上がっている」との第一報を15時39分に報じたが、この時点での解説はなく、伴英幸（原子力資料情報室共同代表）のコメントがようやく流れたのは16時54分のことである。

伴　状況がはっきりしませんが、ベントが成功した時間と重なっていることを前提で、時間が少しずれていますが、蒸気を抜くというのは、スーッと抜くわけではなく、抜いたとたんにすごい音がしますよね。バルブを二つ開けたという話がありましたけれども、……そのときの音が爆発音と聞こえたとしても不思議ではない。したがって、そのころの時刻であれば、弁を開けたときの音がそういうふうに聞こえて、その後、白い煙や水蒸気が出てきたということと符合する。それが一番考えられる……。それでないとすると、中でなんらかの火災が発生した……。

この時点で、伴は、ベントの開始時刻と白い煙の発生が時間的に重なることを考慮すれば、水蒸気爆発よりも急激なベントによる水蒸気の噴出とみなしていた。

クリティカルな視線でとらえたテレビ朝日

テレビ朝日は、一号機で爆発音がしたという第一報を17時5分に流した後、地震被害の情報に切り替え、爆発の詳しい情報と解説は約七分後の17時12分から行った。アナの「どんな原因が考えられますか」との問いに、斉藤は三つの可能性を指摘した。「第一は核的暴走が始まり、炉心が溶けて再臨界といった事態が生じたこと、第二は、余熱で熱くなっている炉心に水を注入することで、大量の水蒸気が発生したこと、第三は、水素が発生してなんらかの原因でそれが爆発につながったこと」である。そのなかでも第三の原因がもっとも考えられることを指摘した。ほぼ、彼の判断が正しかったわけである。

その後のテレビ朝日の報道は、原発事故の最新情報を伝える場合には、アメダス気象観測データに基づいて、風向きと風量を必ず提示するなど、他局と比較していくつかの特徴を打ち出していく。さらに、局の記者が、「なぜ一号機の爆発が起きたか、十分な説明がない」「放出された放射線量がどれくらいか、どんな種類の放射性物質が検出されたか」など基本的なデータが開示されないことを指摘するなど（12日19時58分）、東電や保安院の会見を、繰り返しクリティカルな視線でとらえていた。

専門家、テレビ、双方の問題

最悪の事態を予期し解説することをしなかった専門家

前章で検証した一号機の爆発までの報道、さらにこの章で見てきた一号機爆発に関する報道から、いくつかの問題点を指摘しておこう。

まず言えるのは、テレビに出演していたほとんどの専門家が、一号機の冷却装置が故障して、すでに燃料棒の一部が露出している情報が伝えられていたにもかかわらず、その事態が水素爆発を引き起こす可能性を十分に視野に入れて分析し解説してこなかったということだ。

繰り返し強調しておくべきだろうが、政府や保安院や東電から出された情報はたしかに不十分であった。とはいえ、その数少ないデータでも自身の専門性を生かして主体的に分析し、周辺住民の健康を守る立場から、起こりうる最悪の事態を予期することが彼らには求められていた。それが十分に行われたとは到底言えない。

もとより通常の場合でも、計測された科学的データから因果的にこうなるであろうという確定した事象を予測することは難しい。一般に、データから予測される事態はある一定の範囲をもって異なるかたちで生起する可能性をつねに内包しているからである。しかも今回のような過酷事故で、時々刻々と事態が変化するなかでは、通常の状態での予測以上に、確定的な物言いはできない。しかしそれは、何も言えないということを意味するわけではない。データに基づくかぎりで言える「最悪のケース」から、事態が打開できる「最善のケース」までの範囲を示すことはできるし、そのことを指摘することが求められていたのである。しかし今回は、政府や保安院の発表に依拠して、事態をむしろ楽観視する方向にリードしてしまった。

また、判断に必要なデータが不足している場合には、専門家として必要なデータの開示を強く求めることがあってしかるべきだった。それは、現場の記者が会見場で質問する際の情報源としても、政府や保安院、そして東電側に一層の情報開示の必要性を認識させるためのプレッシャーとしても有効だったはずである。

しかし、専門家は、積極的に、原子炉の状態に関する情報提供を強く求めることも、放射線防護の体制が万全かどうかの確認やそのための情報開示すら求めることはしなかった。言い換えれば、政府発表のデータにのみ依拠して、傍観者的に事態を説明するだけであった。いわば、なすべきことをなさない、「不作為の責任」が問われるべき事態である。

しかも、放射線防護の問題に関しては、十分なデータや科学的な根拠に基づくことなく「ほとんど影響はない」「微量の放出であり、健康に影響が出ることはない」という発言がなされたことは見逃すことができない。

他方で、問題の責任を専門家にのみ帰すこともできない。テレビ側にもきわめて大きな問題があった。

すでに11日の深夜から12日にかけて、事態は急速に悪化していた。しかし、ほぼすべての局が事態の深刻度を認識したのは12日の午後になってから、ということができる。しかも、NHKはまだ、その認識の度合いが低かったと言わざるをえない。

12日になってからの取材体制はどうだったのか。後に見るように、すでに11日の21時の時点で避難指示が出され、周辺住民の避難が進行していたはずである。しかし、その避難する住民の映像や現地の取材情報はまったくと言ってよいほど、この時点では報道されなかった。すでに指摘したが、12日の早朝には、浪江町や大熊町の警察は放射性物質が飛散していることを把握していた。だが、テレビが原発周辺の住民や地域の情報を積極的に伝えることはなかった。いわば、政府の発表にテレビ局が包囲され、包囲されたまま、独自の取材に基づく情報を十分提供できなかった。それが現実であった。

この取材体制の極端な弱体化という問題を指摘する上で、もうひとつ言及しておくべき問題がある。それは、SPEEDI《スピーディ》（緊急時迅速放射能影響予測ネットワークシステム）に関する、記者そして局全体の認識である。

テレビ局はSPEEDIの存在を認識していたのか

住民の多くは、このSPEEDIの存在を知らなかった。筆者もその存在を知らなかった。14日、友人からのメールでその存在を知った。しかし、報道に携わる者がその存在を知らないではすまされない。ましてや、科学文化部の記者がその存在を知らなかったはずはないだろう。だが、一号機の爆発が起きて以降、どの局からも、どの記者からも、SPEEDIの存在を語り、それがなぜ作動していないか説明する者は出なかった。

SPEEDIは、1979年に起きたアメリカのスリーマイル島原子力発電所の事故を契機に開発が始まった。その目的は、「原子力発電所等における緊急事態において、周辺環境における放射性物質の大気中濃度や被ばく線量などを、放出源情報、気象条件、および地形データを基に迅速に提供するシステムである」（北本朝展「ＳＰＥＥＤＩによる放射性物質拡散シミュレーション」、『数学セミナー』12月号、日本評論社、２０１１年）。この目的に沿って、ＳＰＥＥＤＩは三つの部分から構成される。第一は、予測を担当するシミュレーションシステム、第二は、観測を担当するモニタリングシステム、第三は、情報伝達を担当するネットワークシステムである。

原発事故発生直後、ＳＰＥＥＤＩは11日16時からシミュレーションを開始していた。上記の「予測を担当するシミュレーションシステム」は、①気象のシミュレーション、②拡散のシミュレーション、③影響のシミュレーション、という三つのシステムから構成されている。これらのシステムを使って、11日から計算結果を出力し続けていた。しかし、地震直後から福島県のＳＰＥＥＤＩのモニタリングポストが停止したため、モニタリングシステムでは放射性物質の拡散状況を把握できなかった。「これにより、シミュレーションシステムでは放射性物質の実際の放出状況に基づく計算ができず、計算結果の信頼性が低下してしまった」（北本、前掲書）。

しかし、北本の指摘によれば、「放出源情報が未知でも、シミュレーションを実行することはできる」し、「まずは、『単位放出』という設定、すなわち単位量（例えば、毎時１

ベクレル）の放射性物質が常に放出されるという設定でのシミュレーションが実行できる」という。したがって、「この単位放出シミュレーションの計算結果が絶対的な値ではなく相対的な値であることを適切に理解すれば、防護対策に有効活用する余地はあった」（北本、前掲書）。北本の記述のとおりだろう。

文部科学省から、情報の公開がなされないなか、多くの人たちに混乱が広がり、国外機関による拡散予測の公表結果をネットで検索することになる。「例えば、ドイツ気象局はウェブサイト（http://www.dwd.de/）で事故直後から拡散予測を提供したし、その他の国の機関や気象情報会社も自国民への情報提供を考慮して、ウェブサイト上で続々と拡散予測の公表を開始した」（北本、前掲書）のである。

SPEEDIは、原発事故直後から作動していた。しかし、「放出源情報」が得られず、シミュレーションの計算結果の信頼性が低いことを理由に、文部科学省はその公表を見送り続けたのである。政府事故調査委員会の「中間報告」は、SPEEDIを管理する文部科学省傘下の原子力安全技術センターが毎時1ベクレルの放出を仮定して予測したが、文部科学省や原子力安全委員会はこれを活用しなかったと指摘している。その上で、SPEEDIは拡散方向や相対的分布量を予測でき、少なくとも避難方向の判断に有効だった、と断じた。文部科学省や原子力安全委員会の責任がまさに問われるべき問題である。

しかも、２０１２年１月16日に行われた政府事故調査委員会の調査で、文部科学省の担当者、科学技術・学術政策局次長の渡辺格は、ＳＰＥＥＤＩによる放射性物質の拡散状況を予測した試算結果を、３月14日の時点で、外務省を通して米軍に提供し、米国政府に伝えたことを正式に認めた。

しかし他方で、メディアは、このＳＰＥＥＤＩの存在と政府がその拡散予測の公表を回避し、住民の避難に役立てる意志も対応策ももっていないという事実を知らなかったのだろうか。文部科学省への取材、福島県の対策本部への取材は、どう行われていたのか。この時期に、唯一、予測シミュレーションに言及したのはテレビ朝日で、14日11時52分、解説者の斉藤による「拡散モデル・シミュレーション、それを動かすまでになっていない」という発言だけであった。テレビ局は、この事実を深く受け止めるべきだろう。

小括しておく。テレビメディアは、この時点まで市民の恐怖感や不安をかきたてることのないように極力抑制した言葉を使い、深刻な事態を打開できない状況にあることや、事態が好転しない原因を的確に報道するよりも、希望的観測に立って解決に向かう方向から解説するスタイルをとったといえる。また、一号機の爆発という事態に関する把握という点でも、ただちに状況を判断するには至らなかった。

この福島第一原発一号機の爆発という重大な事故を契機にして、テレビメディアはこれまでの報道のスタイルや方針を改めて、事実を直視し、できうるかぎり事態を多角的に認識できるような提示のしかたに変わっていったのだろうか。

次章の考察から明らかになるのは、むしろ逆の事態であった。

第4章

3月13日から 14日の三号機爆発まで

繰り返される「可能性」言説

14日に爆発した福島第一原発三号機（左）と15日に火災が発生した四号機（中央奥）
東京電力提供（写真＝朝日新聞社）

〈現実〉を覆い隠す3月13日の報道

「三号機の安全性は確保できる」との認識を示したNHK

一号機爆発の後の会見で、一号機の爆発は「爆発的事象」と表現され、格納容器の建屋の破壊で、格納容器や原子炉の損傷はなかったことが発表された。

翌日の13日の早朝5時58分、三号機で冷却機能がすべて失われて注水ができなくなったとの緊急事態通報が東京電力から国に伝えられた。NHKは6時35分、TBSは6時45分、テレビ朝日は7時6分にこのことを報じている。一号機と同様の事態である。さらに一号機の爆発後（12日16時27分）、福島第一原発の敷地内で、一時間当たり1015マイクロシーベルトの放射線量が測定されたことを各局は繰り返し報じた。その前後の動きと報道を見ておこう。

NHKは、13日早朝の5時25分、12日に起きた一号機の爆発から13日までの経緯をかなりの時間を割いて伝えている。

森本アナ　福島第一原子力発電所では、国内でははじめて炉心溶融が起きたほか、放射性物質を含む空気の放出や、建物の爆発が続きましたが、東京電力は昨夜から原子炉を海水で冷やす異例の対応をとりました。一号機は、一昨日の自動停止のあと、原子炉を冷やせない状態が続き、昨日はウラン燃料が分裂してできるセシウムやヨウ素という放射性物質が周辺で検出され、国内ではじめて核燃料棒が溶ける炉心溶融が起きました。

また、原子炉の入った格納容器の圧力が高くなったため、東京電力は昨日の午後2時から放射性物質を含んだ空気を外部に放出したほか、水素と酸素が結びついて爆発した福島第一原発一号機の原子炉建屋の壁が崩壊しました。東京電力は、停電などで水が容易に確保できない状況のなかで、昨夜8時から原子炉に海水を大量に入れて冷やすという異例の対応をとりました。

その後、画面では、13日1時30分の保安院会見をVTRで流し、「自衛隊がポンプ車で原子炉を海水で満たす作業を行っている」「核燃料が再び反応しないようホウ酸が入れられた」ことを伝えた。またその後に、保安院会見（5時30分）を中継し、「一号機に昨夜の午後8時20分（筆者注：実際には19時4分）から海水の注入を始め、供給量としては満水になるよう注入している」「海水の注入が途切れることがないよう保安院の職員を派遣して確認にあたらせるよう海江田大臣から指示を受けている」、そして「海水の注入が続いていれば事態の悪化はないのではないか」との情報を伝えたのである。

事態が動いたのは、その直後である。

6時35分のニュースは「福島第一原発の三号機で冷却のための水を送ることができない状態になり、東京電力は6時前に緊急事態通報を出した」ことを伝えた。そのニュースから15分後、スタジオから水野倫之解説委員が事態の説明を行っている。

阿部アナ　三号機については、東京電力は原子炉に水を送る装置が止まり、別の手段でも送ることができなくなったなどとして原子力災害特別措置法に基づきまして国に緊急事態通報を行いました。水野さん、今度は三号機ですが、どういう状況なんでしょうか。

水野　三号機なんですが、元々備え付けていました原子炉を冷やす機能がすべて失われたということなんですね。地震でまわり（原発周辺）が停電しましたし、非常用のディーゼルも使えなくなり、電源がすべて失われました。そのため、水を回す、原子炉を冷やすために水を回さないといけないんですが、そのためにはポンプが必要なんです。ポンプを回すためには電気が必要なんです。その電気がこの地震で失われました。ところが、ここで（フリップを指示して）、余熱で蒸気が発生します。この蒸気の動力で水を回す手段がありまして、それを使っていたんです。その装置もバッテリーが必要なんですが、そのバッテリーが上がってしまって、最後の装置も使えなくなったという、ちょっと危険な状態になっています。……今のところ、水は十分にありますので、別のところに、消防用のポンプ車や自衛隊のポンプ車を使って、水を注水することになろうかと思います。それがうまくいけば、とりあえずの間は、三号機の安全性は確保できると思います。

この「水は十分にありますので」という発言の根拠は定かではないが、「注水がうまくいけば、三号機の安全性は確保できる」という認識が示される。

こうした「三号機の安全性は確保できる」という認識は、8時10分から行われた枝野会見でも表明された。会見のポイントは、「三号機については、海水を十分に注水する作業が進んでいる」「地震の影響で水位計の数値が信頼できるものではないものの、注水で圧力容器の内側は海水で満たされている」との現状認識にあった。

三号機に関しては、従来から、その可能性が想定されたものですが、給水機能が停止してしまいましたので、いわゆるベント、格納容器の中の気体を抜く作業と、あわせて注水する作業を行っている。これらが行われれば、身体に影響を及ぼさない程度の放射能が含まれますけれども、原子炉の安全性を確保できるという状態であります。

この時期に繰り返し発言されたのは、「管理されたかたちで、微量の放射性物質が放出されるものの、人体に影響を与える放射線ではない」（11時の会見時の発言）という内容であった。管理したなかでの、コントロール下でのベントであり、微量の放射性物質しか出ない、ということを強調したのである。

TBSも、11時の枝野会見をふまえ、11時45分のニュースでは「これ（燃料棒）が水で埋まるくらいに満たされていた、という発表を信じるならば、最悪の事態は避けられる」「完全に満たされている、これがキーポイントで、20キロ（圏内）避難は朝から始まっているると思うので、すみやかに終えるということが大事」との伴英幸（原子力資料情報室）の解説を流した。

ここで確認できるのは、13日の午前の段階で、「注水がうまくいけば、原子炉の安全性が確保できる」「放射性物質の放出は、あくまで微量であり、放出は管理されたなかで行われる」という政府見解に沿うかたちでテレビメディアが報道し続けたということだ。

「……という可能性」「……という恐れ」言説の編成

テレビ朝日は、13日の8時からの番組で、「原発事故で被曝した人も明らか、九人が被曝」「今日も助けを求める人がいる」「発生からもう四二時間」というナレーションを入れた。その後に、松井一秋（前日本原子力学会副会長）を迎えたスタジオで、8時19分から事態の解説を行った。

小宮アナ　三号機も一号機と同じようなことになってきました。あらためてご説明いただけますか。

松井　まず最初に、事故発生後、すべての原子炉がきっちり止まっています。制御棒がちゃんと中に入りまして、核反応がすべて止まった状態です。ただし（停止後も）ウランが分裂して核反応生成物が出まして、ずっと熱を持ち続けます。止まっても冷却し続ける必要がございまして、海水を入れるシステムが、同じではなくて、一つ、二つ、四つ（ママ）のシステムがあるはずです。ただ、それらを動かす電源がなくなって、この中を冷やすことができなくなったと。したがって水位が下がり、上側を水が被っていない。昨日の昼でしたか……170センチほど出ていましたね。燃料棒は、第一号機の燃料棒はよく知りませんが、4・5メートルぐらいでしたか、その170センチが出ていますから、半分か、三分の一が露出している。そこで、ひょっとすると被覆管が破損したり、ひょっとすると燃料が溶けている可能性があるやに、思えます。

小宮アナ　しかし、炉心溶融は認めていますよね。

松井　認めていますが、本当に、どの程度、何が起きたかはわかりません。

小宮アナ　可能性が高いということですか。

松井　外に出てきました、ヨウ素とか、ストロンチウムとか。それがあったんで、そうだろうというふうに事業所さん、東電さんや保安院が判断されたということだと思います。

小宮アナ　きちんと観測されている体制がとられていないということでしょうか。

松井　いや、水位計、圧力計、温度計などが入っていますから、内部がどうなっているかは把握しているはずだと思います。

ここでのやりとりは、テレビ朝日の報道の変化をはっきりと示しているように思える。テレビ朝日は12日から「炉心溶融」が起きたと判断し、小宮はその前提で解説者に質問している。だが、この松井の発言は、「炉心溶融」を「可能性」のレベルに引き戻して語り直し、三号機の爆発がないことを示唆したのである。

その後、事態は一進一退が続く。８時41分にはベントが実施され、９時25分に淡水の注入が開始される。しかし、午後には「水を注水し、水位が上がるものの、その後また水位が低下し」、保安院は「炉心を冷却できない状態が続いて」おり、「水素爆発の可能性がある」（保安院会見、17時20分）ことを明らかにした。

この時点で、ＮＨＫの水野は「予断を許さない状態が続いている」と表現し、これまでの認識より踏み込んだ発言を行った。

こうした13日の三号機の原子炉冷却に向けた作業が一進一退の状況をみせるなかで、他の局と比較して、これまで事故後の経緯をもっとも厳しく評価してきたＴＢＳの報道内容が少しずつ変化した。前記のように、テレビ朝日にもあらたに別の専門家が登場し、12日の報道とは異なる解説がなされたことを指摘した。この二つの局の変化はもちろん偶然だろうが、それにしても奇妙な一致ではある。

次章で述べるように、ＴＢＳは12日21時45分の報道で、双葉町厚生病院の入院患者と職員合わせて九〇名のうち、放射線被曝の検査を受けた三名の除染が必要となったことを詳しく伝えていた。

13日の午後の枝野会見（15時27分）を中継した後も、TBSは放射線量の測定値を詳しく伝えた。10時以降、50マイクロシーベルトで安定していた原発敷地内の放射線量が、13時44分から上昇し始め、13時52分には一時間当たり1557・5マイクロシーベルトを記録、100キロ離れた女川原子力発電所でも通常の七〇〇倍にあたる21マイクロシーベルトを記録していたことを報じたのである。

ところが、13日の17時からのニュース枠に登場した諸葛《もろくず》宗男（東京大学特任教授）は、一号機の爆発、そして三号機の冷却装置が失われ、格納容器の圧力が上昇し、原発敷地内の放射線量が急激に高まっている事態について、以下のような認識を示した。

松尾解説委員　スリーマイル島の事故と比較して、どちらのほうが深刻度が大きいと思われますか。

諸葛　スリーマイル島のときは、外に大量の放射能が出ておりましたので……、今回は建物は壊れましたけれども、格納容器の健全性は維持していますので、中が溶融しているという情報もありますけれども、中の燃料の破損状況もスリーマイルのときよりは軽微、溶けている部分もありそうですが、けれども全部溶けたという状況にはないと思います。まだ予断は許さないが、まだスリーマイル島の状態には至っていないと思われます。

この会話に続いて、諸葛は、想定を超えた地震と津波で事故が起きたことをふまえて、「今後、原子力発電所の設計の条件をどうすべきか、議論することになろう」との見通しを示した。それに対して、松尾解説委員は、以下のように質問を投げかけた。

松尾解説委員　しかしですね、先生、こういう事故があると、スリーマイル島の後も、アメリカでは建設できなくなった、チェルノブイリの後も世界で反原発の流れがあった。今回も、こういうことを誘発しかねない状況ではあるんですよね。どこまで原子力の安全性を高めればよいかの議論が起きてくるので、ブレーキになると思うのですよね。

諸葛　そういう議論は起きてくると思いますけれど、これだけの9・0という歴史上最大級の地震が起きても、日本の原子力発電所はスリーマイル島の事故以下で食い止めた、チェルノブイリのような悲惨な事故のようなことにはならなかった。まだ途中段階ですから何とも言えないですが、いまは保っていますから、停止して温度が低いところまでもっていけば、逆に、日本の原発技術、運転技術のレベルの高さが世界でも認識してもらえる可能性があるわけで、関係者が努力していると思います。

佐古デスク　これまでの取り組みは一定の評価ができるということでしょうか。

諸葛　個人的には、あれだけの、多くの安全装置が、電気がないために働かなかった。でも、けが人は何人か出ましたし、建物も壊れましたけれども、格納容器の中に大量の放射性物質を閉じ込めて、あの原子炉はもう使えないんですけれども、それでも閉じ込めるという最低限の安全を維持したというのは、これはすばらしいことではないかと思います。

長峰アナ　いま、被曝と言っていいのかわかりませんが……。

諸葛　住民の方が被曝されたという報道がされていますけれども、あれはですね、放射性物質が衣服や靴に付いたということで、それが検出されたということで、あれを被曝というのは正確ではなくて、汚染された、衣服や靴が放射性物質で汚染されたというのが正確な表現だと思います。

すでに放射性物質の飛散が始まり、原発事故による危機的な状況をなんとか食い止めよう必死の活動を行っていた作業員は、「日本の原子力技術のレベルの高さを証明できる絶好の機会である」と認識している諸葛の発言をどう判断するだろうか。

この解説の後の17時46分に、TBSは避難住民の被曝線量の測定を目的にしたスクリーニングの様子をとらえた映像を流した。自衛隊の隊員が防護マスクをつけて、計測員が白い防護服を着て検査している映像である。

TBS報道から見える局内部の葛藤

TBSの報道の「蛇行」あるいは「ブレ」は、13日の夜に入っても続いたとみることができる。

20時から「ニュース23」のキャスター二名が担当した時間帯では、寺井隆幸（東京大学教授）が登場し、解説を加えた。

松原MC　三号機、海水を入れていたんですが、どうも水位が回復していない。どうも弁の不具合が生じているようですが、寺井さん、いま福島第一原発、どうなっているか確認したいのですが。こちらの三号機の水素爆発の可能性ということですが、どうご覧になりますか。

寺井　まぁ、可能性ということでありまして、水素爆発がすぐに起きるとか、将来、可能性ということだけですから。まだ、いま、起こらないように現場で対応しておられることだと思います。

松原MC　三号機については、枝野官房長官が今日の午後、水蒸気爆発の可能性に言及しているということですね。現状としては、水位が上がらないということは、燃料棒が露出しているという状況でしょうか。

寺井　それも、官房長官がおっしゃっておられたと思うんですが、その可能性は否定できないということだと思うんですね。ただ、水位が上がらないからといって、メルトダウンにつながるということではまったくなくて……一部の燃料棒が溶け出るという可能性もありますけれども、そういう状況かなと思います。

（中略）

松原MC　みなさんが心配しているのはメルトダウンという、炉心が溶けてしまうという……となると、放射性物質が外に出てしまう、そうしますと、メルトダウンが起きているかどうかなんですが……。一号機、二号機、三号機の今後の可能性としてはどうですか。

寺井　それは、メルトダウンという言葉の使い方によると思うんですけれど、燃料棒の一部が溶けているということは可能性としては非常に大きいと思います。官房長官のおっしゃるとおりだと思います。

松原MC　官房長官は、燃料の大部分が溶けてしまうメルトダウンの可能性がある、とおっしゃっていますが。

この会話の「噛み合わなさ」の程度が、この書き起こし原稿で、読者に伝わるだろうか。すでに12日午後の段階で、セシウムとヨウ素の検出という事態を受けて、保安院は「一号機のメルトダウンの可能性」に言及し、その日の午後に一号機は爆発した。それに続いて、三号機も早朝の5時前後に冷却装置が停止し、一号機と同様の事態が進行した。13日4時15分の段階で「燃料棒の上部まで水位が低下している」ことが発表され、一時水位の上昇がみられたものの、14時54分の時点では「水位が1・9メートルまで低下し、核燃料棒の半分はむき出しの状態にある」ことが伝えられていた。官房長官は、というより官房長官ですら、メルトダウンの可能性に言及していたのである。

それに対して、寺井の発言は、この冷却装置停止から一〇時間が経過した時点で、核燃料棒が露出している事態も「可能性」の枠内で言及し、水素爆発もあくまで「可能性」として、つまりあらゆる事態を「可能性」という言葉で一括して説明しようとしているのだ。

こうした諸葛発言や寺井発言に対して、避難住民のインタビュー取材を通じて、実際に福島で何が起きているのかを伝えたTBS萩原豊の現地レポートは、これら専門家の解説に真っ向から反論する内容であった。13日22時54分には、その日の避難者の動向を取材し、双葉町から原発一号機の爆発によって避難し、自衛隊の担架で避難施設に運ばれる入院患者や老人介護施設入居者の映像を映し出した。さらに、第五章で詳しく述べることにするが、避難者三人の声を伝えている。

萩原は、すでに、この日の17時20分の時点で、「スクリーニングの結果、被曝の恐れのある人が二〇〇人を超えている」と、福島の現状を伝えていた。

そして、同日の夜、二二人が被曝し、二〇〇人が被曝の恐れがある、という事実を伝えたのである。さらに、除染の対象者とは「2700カウント（筆者注：ここで指摘されたカウントという単位は、一分間当たりの放射線カウント、cpm〔counts per minute〕を指していると思われる）を超える人々」で、「その数値は40ベクレルに相当していること」、そして40ベクレルとは、「放射能管理区域の外には持ち出していけない数値、禁止されている数値」（すべて発言のママ）であると報じた。いま起きていることは被曝以外のなにものでもなく、すでに健康被害を引き起こしかねない事態が進展していることを、萩原は強く指摘したのだ。この萩原のコメントは、自局の午後のニュースで「被曝ではなく、汚染だ」という専門家の発言が報道されたことをふまえたものであることは明らかだろう。なんとしてもこの発言に反駁《はんばく》したかったのではないだろうか。

以上見てきたように、一号機の爆発後、三号機の冷却機能喪失という事態が発生し、事態が深刻化する13日の深夜まで、テレビメディアとそこに登場した何人もの専門家は、核燃料の一部が溶け出したことすら「可能性」のレベルにとどまること、メルトダウンといった事態にはならないこと、スリーマイル島のような事故のレベルには至らないことを強調した。

〈可能性〉というマジック・ワード

3月14日、三号機爆発をめぐる報道

14日になっても、テレビの論調は変わらなかった。

フジテレビは、6時32分から枝野会見のVTRを流し、その後に、澤田哲生（東京工業大学助教）の「現在生じている事態はレベル4程度のもので、スリーマイル島の事故ほど

ではなく、私はレベル4でよい」との発言を伝えた。9時31分には、舘野淳（核・エネルギー問題情報センター事務局長）による解説、続いて諸澄邦彦（埼玉県立がんセンター放射線技術部副部長）の「放射線による影響はない」とのコメントを流した。

TBSは、8時54分、福島の災害対策本部からの情報として「三号機への海水注入が続けられているものの、水位の上昇はみられないこと」「一号機にも海水の注入を続けていること」を伝えた。

テレビ朝日は、朝の番組で、中島健（京都大学教授）を迎え、9時7分から次のように解説した。

中島は、これまで何度となく視聴者が聞かされてきた冷却装置の機能喪失から炉心の温度と圧力上昇の経緯を繰り返し説明した（この14日には、他のテレビ局も他の解説者も何度も同じ内容を繰り返した）。

赤江アナ　もう一度ポイントを絞りたいと思いますが、中島さん、いま余熱を冷やしているということですよね。考えられる今後のシナリオは……。

中島　うまくいけばということですが、海水なりでどんどん冷やしていって、温度も圧力も下がってくると……。

赤江アナ　このまま鎮静化していく……。
中島　中が水で満たされれば……。
赤江アナ　それはどのくらいの期間、冷やせばよろしいんですか。
中島　とりあえず、一〇時間とか、冷えますが……ちゃんと冷やすためには数日とか一週間近くは、それなりの手当てをやらなければと思います。
赤江アナ　そうしますと、一週間冷やせば、大きな危険を回避できると……。
中島　それで十分、安全だと思います。

しかし、中島が述べたように事態は進まず、結局、14日午前11時1分、三号機は水素爆発し、一号機と同じように格納容器の建屋が吹き飛んだのである。
三号機が水素爆発した一時間三〇分後、枝野は会見で「格納容器の健全性は確保されている」「放射性物質が大量に飛び散る可能性は低い」と表明した。一号機の爆発の際と同様の発言である。圧力容器内部で冷却水が水蒸気となり格納容器に漏れ出し、その放射性物質を含んだ蒸気が格納容器の弁や各種の管から建屋に漏れ出しているわけだから、実際には「格納容器の健全性は確保されている」とはいえない。「格納容器が大きく破損している状態にはない」という意味で言ったのだろうか。あるいは「国民に不安を与えないため」の言説だったのだろうか。いずれにしても、「格納容器の健全性の確保」という言説によって事態を把握しようとした矢先、今度は二号機の冷却装置が停止した。

二号機圧力抑制室損傷、四号機火災をめぐる報道

フジテレビは、二号機の冷却装置が停止という事態を、14日15時27分に伝えた。TBSは16時5分、テレビ朝日は16時59分であった。そして各局とも「16時30分に二号機への海水注入が始まった」（筆者注：実際には16時34分）ことを伝えた。

この14日夜の番組を検証しておこう。

TBSは19時のニュースで、福島の現地対策本部から「明日までにはすべての避難所で、希望者にはすべてスクリーニングを行えるようにして、被曝の程度に合わせて除染を行うように、国に要請したこと」を伝えた。その後、19時24分からは、山名元（京都大学教授）をスタジオに招き、以下のようなコメントを伝えている。

山名　三号機の爆発という事象がありましたね。あのなかに含まれていた放射性物質が大気中に散らばっております。風は西から東に吹いているので心配する必要はありませんが、ただ一部、空気に乗って移動する可能性があります。それでも、体内に入

っても出ていきますから大丈夫です。

風向きは刻一刻と変化するだろう。にもかかわらず、どの時点かさえ指すことなく、西から東への風向きであるから心配ないという発言にも驚かされるが、内部被曝のことに言及し、放射性物質が体内に入ってもすぐに（体内から）出ていくのでなんら心配はいらないとも発言している。その後、19時55分、「二号機の燃料棒が全部露出した」との情報が入る。それを受けて、山名は次のように解説した。

山名　溶融の可能性がありますね。海水がすんなりと入らない事情があるんでしょう。頑張って復活することを期待したいですが、二号機は相当に深刻だと思います。

「深刻な」事態であるとの認識が表明される。しかし、ここでもまだ「溶融の可能性」との表現が使われていることに留意すべきだろう。

ＮＨＫは、20時３分には「二号機の核燃料がすべて露出した可能性、炉心が溶けた可能性も否定できない」ことを伝えた。刻一刻と事態は深刻化していった。

その後、21時53分からの保安院会見では、13時25分に冷却機能の喪失と判断、17時16分、核燃料棒の頭のところまで水位が低下、18時6分にSR弁(自動圧力逃がし弁)を開放して圧力の低下を実施、20時5分に海水の注入を再起動させたことが公表される。

これを受けて、NHKはこの状況を23時22分に伝えて、次のような解説を行った。

大越MC　いまのニュースにもありました、福島第一原発の二号機ですけれども、燃料棒がすべて露出した、それが注水の結果、燃料棒のほぼ半分近くの2メートルまで水につかっているという状況です。

関村　注水成功で、直近の危機は去ったと言えるように思います。炉心については、部分的には溶融した可能性がありますが、現在、水位が燃料棒の半分くらいまで上がっているということで、炉心全体の溶融は避けられたのではないかと考えます。閉じ込めは確保し、健全に機能している。

(中略)

大越MC　一号機、二号機、三号機とも危険が続いて、やはり綱渡りだと思いますか。

関村　過酷事故、これはないわけではないと考えて、そのための対応・検討をしてきた。海水を注入することも検討されてきたわけです。ただ、まだ十分な状況ではない。

しかし、関村直人（東京大学教授）が指摘するように、「直近の危機が去る」といった事態にはならず、15日に入ると「再び二号機の水位が低下し、核燃料棒の露出、溶融」が懸念される状態に陥った。テレビでは、「再び露出か」という「いまだ可能性の域を出ない推測」であることを強調するテロップが繰り返し流された。だが、露出はほぼ確実視される事態だったとみるべきだろう。

そして、それから三〜四時間経過した15日6時10分、二号機で爆発が起きたのである。サプレッションプールといわれる、格納容器の一部の破損による爆発だった。

この爆発で、一連の事故のなかでも、もっとも大量の放射性物質が15日から16日にかけて飛散した。

二号機爆発を専門家はどう分析したか①——NHK

15日8時過ぎから始まった枝野官房長官の会見は、その前に行われた保安院の会見内容、すなわち「圧力抑制室＝サプレッションプールの圧力が通常の3気圧から1気圧へ低下したことで、この圧力抑制室の損傷の可能性が出ている」との内容をふまえ、「格納容器から放射性物質が漏れ出している可能性」と「重大な事態が進行している可能性」に言及しつつ、「周辺地域の放射線量の値が急激に上昇していることはなく、ただちに住民の健康に影響が出ることはない」と表明した。8時8分からは、東京電力の会見が中継される。
そこでは、「一部社員が安全な場所に移動したこと」「核燃料棒が2・7メートル露出している状態にあること」「二号機付近のモニタリングポストで通常の一万倍の965・5マイクロシーベルトが観測され、その後882マイクロシーベルトに下がった」ことが明らかにされた。その後、東京電力福島事務所の会見VTRが流れた。
この会見後の8時20分のNHKの報道を見ておこう。

阿部アナ　それでは関村教授に加わっていただきます。この状況をどう考えられていますか。

関村　爆発音、衝撃音が聞こえたということ、……それから格納容器の圧力に変動があったということ、こういう情報が入っています。損傷やキズが、なんらかのかたちで、放射性物質が外に出ていかないようにするという意味での格納容器の壁に、なんらかの損傷が起こったということが考えられるということです。そういう可能性が出てきたということだろうと……。

阿部アナ　仮にそういうことになりますと、どの程度の危険性が増していることになると思いますか。

関村　最終的に放射性物質を閉じ込めるという格納容器が健全であることが求められているわけですが、その一部が機能しなくなっている可能性がある。その結果として、格納容器に放射性物質があったとすると、その一部が漏れ出る可能性が出てきていると思います。

阿部アナ　漏れ出る際に、気体か、液体か、ということがあるようですが。

関村　これについては、どこで損傷があったか、それについてはまだはっきりしないので、どういうかたちで外に漏れているか、どれくらい建屋にとどまるか、そういうことは早急に情報を把握する必要があると思います。

（中略）

阿部アナ　放射線の値をどうご覧になっていますか。

関村　なんらかのかたちで、放射性物質が外に出ている、やや高い値が出ている、それが今後どう推移していくか、場所によってどう違うのか、まだはっきりしない、ということで、ぜひこの点を把握したいと思います。

阿部アナ　水野さん、もう一度、どうなっているか、説明してください。

水野　……（事態の経過説明）……きわめて重大な、日本の原発がこれまで経験したことのない本当に重大な事態が起きていると思います。格納容器が壊れているということは、格納容器、これが最後の砦《とりで》といわれていますが、それが砦としての機能を果たしていないという可能性があります。この中にある水が漏れ出すとしますと、放射線が外に漏れ出すことになります。周辺の放射線の値がかなり高くなっていますので、その周囲でだけでなく他のところも値が上がっている可能性があります。風向きによって、放射性物質がかなり遠くまで飛んでいく可能性があります。もちろん、拡散しますが……。ですけれども、保安院の説明では、ただちに人体に影響を及ぼす値ではないという説明なんですが、もし閉じ込める機能がなくなっていると、今後また深刻な事態が起こる可能性があります。

阿部アナ　関村さん、数値が高くなっているということですが……。

関村　５００マイクロシーベルト／時、これ以上の値であると、積算で30ミリシーベルト以上の放射線量を受ける可能性があるので、一五条通報というもので、防災の観点から、たとえば10キロ圏内のみなさんに避難をお願いするということになります。その基準の値の四倍くらいの値が検出されているということです。したがって、防災の観点で、避難をどう考えたらよいか、検討する余地が出てきていると思います。

阿部アナ　それでは、避難区域の見直しなども必要だということですか。

関村　モニタリングをしている場所、この情報をしっかり把握していくということだと思います。

この解説で特徴的なのは、関村と水野との間で、発言のニュアンスが異なっていることである。関村は、「格納容器の健全性が求められているわけですが、その一部が機能しなくなっている可能性がある。その結果として、格納容器に放射性物質があったとすると、その一部が漏れ出る可能性が出てきている」と述べているように、可能性のレベルにとどまっているという趣旨で終始発言している。もちろん、破損を目視して確認しなければ、まだ可能性の範囲にあると指摘することはできるだろうが、それは的確な表現なのだろうか。放射性物質が外に漏れ出していることに関しても、可能性の範囲で語られている。しかし、すでに通常の一万倍の放射線量が検出されている事実に照らしてみれば、事態の深刻さを過小に評価していると言わざるをえないだろう。

それに対して、水野は「日本の原発で、最悪の事態が起きつつあります」とコメントして、放射性物質の飛散が拡大することに留意を促した。政府の会見内容を繰り返し、解説することに徹してきたようにみえるＮＨＫの解説委員として、はじめて個人の、自身の言葉で語った場面のようにみえる（８時12分）。

二号機爆発を専門家はどう分析したか②――フジテレビ

他の専門家はどう発言したのか。

フジテレビでは、岡本孝司（東京大学教授）が解説した。

8時20分のニュースで、「損傷を受けた可能性はありますが、あくまで可能性だと思います」と指摘し、8時41分には「東京電力はしっかり情報を出していると思います。複雑な状況が起きていて、東京電力もよくわからないんだと思います」と、東京電力を擁護する発言を続けた。9時45分には、第一原発の敷地内で8217マイクロシーベルトが測定されたとの情報が伝えられた際には、「しっかり状況を見ておく必要があろう」とコメントし、四号機と三号機付近で10時22分に400ミリシーベルトというきわめて高い放射線量が観測された後の13時11分の際の解説でも、「非常に高い数値ではあるが、ただちに周辺地域に、退避している方々に影響はない」と指摘し、加えて「北茨城で5・575マイクロシーベルトが測定された」ことに対しても、「継続すると若干問題になるが、線量が下がってきているので問題はない。風向きによって拡散していくので、また偏西風があるので、ほとんど海に流れていく」とコメントした。

「偏西風があるので、ほとんど海に流れていく」という発言には驚かされる。風向きは刻一刻と変化する。どの時点の風向きなのか、言及することなく、一般論として述べて、放射能の影響はないと指摘したのである。しかし、実際には、この15日には北西方向に風が吹いて、福島県浪江町、飯舘村《いいたてむら》、そして福島市に、大量の放射性物質が飛散し、高濃度の放射能汚染地区が発生した。

「安心」「安全」という言説

予想外の四号機の破損

二号機に重大な関心が寄せられるなか、15日9時50分過ぎに、今度は「四号機の上部から煙がただよっている」との情報がもたらされる。10時過ぎには、東京電力の会見で、「9時38分に四号機からの出火を確認」「四号機の建屋上部が壊れ、冷却用のプールを覆うものがなくなっている」「冷却機能が失われた可能性が大きい」ことが伝えられる。

地震当日、四号機は定期点検中であり、原子炉は停止状態であった。そのため、政府、保安院は四号機に関して注意を払うことはなく、一号機、二号機、三号機の冷却機能の回復に関心を振り向けていた。それに対して、アメリカ政府は、四号機の推移を注視し、日本政府に対しても注意を促していたといわれている。使用済核燃料とはいえ、稼働中であった一号機、二号機、三号機の核燃料よりもずっと多くの燃料棒が四号機の冷却用のプールに置かれており、もしこの冷却用のプールの冷却装置が作動しなくなれば、建屋でしか覆われていないプールの核燃料棒が露出して、一号機、二号機、三号機よりもずっと多くの放射性物質が放出されるとみていたからである。その建屋が破損すれば、放射性物質はなんら遮《さえぎ》るものなしに大気中に放出される。

二号機のサプレッションプールの破損、四号機の火災と建屋の破壊、というこれまで以上の重大な事故の発生である。

11時に菅総理が会見を行う。それは「四号機で火災が発生し

いの

には

こ

られ

15

事態を「軽微」な事故とみなす専門家たち

ＮＨＫは12時のニュースで、福島の原子力災害対策本部から中継を行い、「大熊町に残る九六人も避難させる予定であること」「これまで20キロ圏内の避難区域にあたる一〇の自治体に加えて、いわき市や飯舘村が屋内退避区域となること」を伝えた。それに続いて、南相馬市の桜井勝延市長への電話インタビューを行い、「すでに20キロ圏内の避難は完了している。20キロ圏外にはそのままとどまるか、自主的に移動するようにお願いしている」との発言を報道した。

さらに13時31分には、東京都世田谷区、新宿区で、ヨウ素とセシウムが観測されたことが伝えられた。放射能汚染が緊急の、しかもきわめて身近な問題としてクローズアップされていく。

ＮＨＫは19時のニュースで、午前4時に一時間当たり23・7マイクロシーベルトが観測されたことを伝えた上で、この15日の原発事故の推移を振り返り、再び水野と岡本が解説した。この時間に流れたテロップは、「微量の放射性物質〝健康に全く影響なし〟」であった。

武田アナ　四基すべて同時に深刻な事態が進行しているわけですが……。

水野　世界の原発の事故をみますと、チェルノブイリ事故、アメリカのスリーマイル島の事故とか、いずれも単独の事故なんですね。しかし今回、四基の事故の同時進行に電力会社が対応しなければならない。原発事故史をみても例をみない事故が起きていると言えます。

（中略）

武田アナ　岡本先生、いま、どのようなレベルにあるんでしょうか。

岡本　止める、冷やす、閉じ込める、というのが一つの、原子力の安全の三原則ですが、その三つの原則のうち、止める、ということはうまくいった。冷やすという、これが大変問題になっている。最後の閉じ込める、という部分も損傷がどの程度かわかりませんけれども、若干問題が起きているという可能性がある。問題は大きいと思います。制御できないで放射能が漏れる可能性が出てきたということで、大きな問題になっていると思います。

こうしたきわめて一般的な解説がなされた後、水野は、「三号機付近で測定された400ミリシーベルトは人体に影響が出る数値ですから、20～30キロ圏内に屋内退避指示が出された」ことに言及し、「どうしても外に出ることもあるので、その際はマスクをすること、エアコンは使わない、換気扇をつけない、窓は閉めるなど、屋内の密閉性を高める」といった注意事項を指示した。それは、一号機の爆発前に出された指示となんら変わらないものだ。

フジテレビは17時56分に、「今回の事故がスリーマイル島の事故を超えようとしている」との見解を報じた。その上で、以下のような安藤ＭＣと澤田の会話を報じた。

澤田は、これまでの経緯を説明し、「（枝野会見で）二号機に欠損があったと言いましたが、穴が開いているとは言っていない、サプレッションプールの部品になんらかの損傷があったことも考えられる」と説明した。

安藤ＭＣ　ただ、三号機付近で４００ミリシーベルトという高い値が観測されているわけですが……。
澤田　わからないですね。まったくわからない。
安藤ＭＣ　（二号機の損傷と）そこに因果関係は……。
澤田　しかし、値が高いと言っても、一時的ですからね。
安藤ＭＣ　関係について、因果的に断定するということは難しい……ということですね。

ここで、400ミリシーベルトという高い観測記録と二号機の破損との間に因果的な関係を見出すのは難しいこと、そして二号機の破損という事態も、穴が開くといったことがらではない、サプレッションプールの中の部品の損傷も考えうることが示唆される。ここでも、事態をより「軽微」な事故としてみなす視点が打ち出されていると言えるだろう。

3月16日、それでもまだ「人体に影響が出る値ではありません」

16日の朝5時54分、NHKは「四号機から再び炎が確認された」「30分後には炎が見えなくなった」との情報を伝える。その後、10時には「再び煙が上がっている」との情報も上がり、11時には「東京電力がプールに水を入れることを検討している」との情報が飛び込んだ。

そして正午のニュースでは、11時過ぎから行われた枝野会見の内容としてVTR映像を流しながら、「8時30分前後から、三号機付近から白煙が上がり、正門付近でこれまで800〜6000マイクロシーベルトの値が上昇してミリシーベルトの単位に上がったので、作業員を安全な場所に避難させた」「その後、10時45分から値は下がっている」「三号機の格納容器から、なんらかの原因で水蒸気が上がっているのではないかとの判断もある」

「避難区域を拡大する必要はない」と伝えた。続いて、保安院の会見を中継、「福島第一原発の正門付近で6・4ミリシーベルトの値が10時45分に観測された」「放射線量の上昇が三号機付近の白煙の影響か、もしくは昨日破損したと考えられる二号機のサプレッションプールからの放射性物質の漏れによるものか、まだ確認できない」ことを報道した。

これ以降、マイクロシーベルトから一〇〇〇倍のミリシーベルトへと単位が変化するほど放射線量が急激に上昇するなかで、「人体への影響の程度」がテレビ報道のなかで焦点化されていくのである。

NHKの水野は、これを受けて、横尾アナからの「この6・4ミリシーベルトの値をどう見ますか」との問いかけに、次のように解説した。

水野　通常、人が普通に暮らしていて一年間で2・4ミリシーベルトの放射線を浴びます。ですので、まぁ、それの三倍近い値を一時間で浴びてしまう値ですので、非常に強いんです。ただし、それを瞬間的に浴びたからといって、即、人体に影響が出る値ではありません。ただ、線量が上がっていますので、中央制御室で作業員が作業をしていますが、その作業員を安全な場所に退避するように指示を出したということです。瞬間的にいるのは問題ないと思いますが、長時間作業すると影響が出てくると思われます。作業員は、蓄積でどのくらい放射能を浴びてよいか基準がありまして、非常事態の時は100ミリシーベルトは許容しますということになっていまして、通算で（年間で）100ミリシーベルトを超えると作業できなくなります。ですので、放射線量が強いときには作業をしないことになっていますので、人体に影響が出る値ではありませんが、今後のことを考えて作業員には安全なところに退避させるということになっています。6・4ミリシーベルトというやや高めな値が出ているために、作業を中断させたということだと思います。

また、16時50分には、文部科学省からのデータをめぐって、次のようなやり取りが行われた。

野村アナ　先ほどですが、文部科学省からの発表として、原発から20キロ離れたところで、一時間当たり0・33ミリシーベルトが観測されたというニュースがありましたが……。

水野　これはですね。昨夜の8時40分の段階で、文部科学省が専用の測定用の車両を使って測定した値です。20キロあたりということなんですが、20キロまでの方は避難指示が出ています。20キロあまりということは20キロを少し超えたところですから、20キロから30キロは屋内退避（区域）です。いまも継続的に観測されているかどうかはわかりません。やはり、さまざまな爆発ですとか、水蒸気が噴き出すとかいうことがありまして、そのたびに、放射性物質がそうした事象に伴って放出されていると思います。物質は風に乗って拡散していきます。で、20キロ離れた地域は屋内退避が出ているところですけれども、そこでも0・33ミリシーベルトということで、これは一年間に浴びても差しつかえないとされている限度の1ミリシーベルトに、三時間外にいると達してしまう値です。だからといって、すぐに影響が出るわけではありませんが、普段と比べると一万倍の値ですね。ですから、かなり離れた屋内退避の地域ですが、外はそれなりの放射性物質が降ってきているということですね。それでですね、屋内退避の場合ですが、ずっと屋内にいるのは難しいですから、外に出る場合があるかもしれません。その場合はなるべく短時間にすることが必要になってくると思います。……放射線とは、短期間ですぐ影響が出るものがありますが、長期的に見るとですね……あの……（ここでなぜかアナの顔を見て言い淀《よど》む）、また影響が出ると言われていますので、なるべく屋内退避のところは屋内にとどまるのが重要になってきます。

まったく不可解なコメントではないだろうか。「0・33ミリシーベルトが、一年間に浴びても差しつかえないとされている限度の1ミリシーベルトに三時間外にいると達してしまう値」であることを指摘しながら、それが「ただちに影響が出る」値ではないという判断が示される。

枝野官房長官の会見でも繰り返し表明された「ただちに影響はない」という言説が、各解説者やアナにも踏襲されて繰り返し登場した。しかし、多くの市民は、広島や長崎の原爆投下による被爆で発生した放射能による重大な健康被害や短期間での死亡といった事態を憂慮していたわけではない。低線量被曝が及ぼす健康被害に対する不安をいだいていたのである。この不安に対して、テレビメディアは「ただちに健康に影響はない」という言説を多用して、市民の不安や疑問に答えなかった。政府の会見でも、テレビの解説でも繰り返された「ただちに人体に影響を及ぼさない」との説明は、一方でそれを「健康に被害はない」と理解する人もいるし、他方で「長期的には影響がある」「どの程度の影響が出るのか」と解釈して不安にかられる人もいる。それにもかかわらず、テレビは、政府答弁を踏襲して、低線量被曝についての説明を行わなかった。このことが、テレビが「大本営発表」を繰り返しているとの印象を多くの視聴者に与える要因の一つとなったといえる。

放射線量の値をめぐる解説の不可解さ

すでに一号機の爆発後の13日ごろから、覆い隠せない危機的な現実を前にして、次々に観測され始めた放射線量の値をどう評価するか、この点がテレビメディアのなかで重要なテーマとなっていた。しかし、その解説内容は不適切なものだった。

フジテレビは、13日の午後、フリップを使い、X線による集団検診では３００マイクロシーベルト、がんの治療では6万マイクロシーベルトの放射線を浴びるとの説明を行って、この時点で観測された１２００マイクロシーベルトの値は「全体的にみて抑えられて」おり、「それほど心配する必要はない」と解説した。

ＴＢＳは14日の10時のニュースで、フリップを提示して、13日13時52分に原発敷地内で観測されたその時点での最大の値、一時間当たり１５５７・５マイクロシーベルトがどのような値であるかを解説した。それによれば、年間の放射線量の限度が１０００マイクロシーベルトであり、原発で働く作業員の蓄積線量の限度が10万マイクロシーベルト（１００ミリシーベルト）であるとの指摘を行うのみで、１５５７・５マイクロシーベルトという値がきわめて高い数値であるとの認識を示すことはなかった。

さらに午後のニュースでは、計画停電という東京電力と政府の要請に応えるために、家庭の電気器具の消費電力と、使用しない場合の効果を明示した数値と一緒に、放射線量の値を書いたフリップボードを提示した。同列に並べてはならない数値（少なくとも私にはそのように思えるのだが）を一つのフリップに並置させ、一年間に浴びる自然放射線量が2400マイクロシーベルトで、胸部X線写真などCTスキャンが6900マイクロシーベルトであり、現在、福島第一原発で測定されている値は「まったく健康被害はない」と断じた。

この奇妙奇天烈《きてれつ》というべきだろうか、一瞬の時間、しかも一回しか浴びないCTスキャンの6900マイクロシーベルトと比較して、放射線量の値を論ずる不可解な解説は、他の局でも14日から15日にかけて、ほぼ同様に繰り返されたのである。16日の午後の報道に立ち戻ろう。このように、二号機の格納容器の破損、四号機の破損という事態を前にして、放射性物質の飛散の実態をどう評価すべきか、さまざまな情報が錯綜するなか、17時55分から、枝野会見が中継された。小佐古敏荘（東京大学教授）を内閣官房参与に任命することを決定したことを述べた後、以下のように発表した。

それから、原子力発電所の事故に関して、ご報告申し上げたいと思っております。原発の周辺、退避区域の20キロのところから近い外側のところから、文部科学省で観測していただきました。その中身については文部科学省から発表していただいているかと思います。また、詳細な評価は、保安院、安全委員会のみな様、専門家の方々から報告していただくべきかと思いますが、本日測定された、発表された数値につきましては、ただちに人体に影響を及ぼす数値ではない、というのが概略的なことがらでございます。

注目すべきは、この時点ではじめて、文部科学省の観測データが示されたことである。そしてまた、この時点に至っても「ただちに人体に影響はない」ことが繰り返し強調されたことだろう。

しかし、すでに明らかになっているように、この16日の時点で、モニタリングポストとして観測が行われていた飯舘村や浪江町の各地区は、高濃度の放射能によって汚染され、ホットスポットが形成されていた。その空間に、まだ何人もの避難者が仮の避難所で生活していたのである。

この会見は、高濃度の汚染地域を把握しながら、対応する必要がない、対応しない、との認識を表明したことになる。そして、実際にいかなる対応もとらなかった。また、メディアもこれを深く追及することなく、政府発表を流し続けた。

この後のNHKニュースでは、屋内退避の住民が「会社に行くこと」や、「買い物に出かけること」もなんら問題がないことが繰り返し報道された。

そして、このもっとも状況が緊迫した16日、NHKは20時から特集番組を編成した。それは、原発事故の経緯、そして放射能漏れに関して、NHKがどう判断したか、そのことをよく示している。

番組に登場したのは、山口彰（大阪大学教授）、朝長万左男（日本赤十字社長崎原爆病院院長）、星正治（広島大学教授）、そして山崎淑行記者であった。長崎と広島から専門家を招いたことは、視聴者に、放射能汚染や被曝についてもっとも熟知している人たちであることを示したかった、という理由からだろう。

山口は以下の点を指摘した。「現在の状況はチェルノブイリとは本質的に違う」「原子炉は停止し、格納容器の機能や構造は維持されている」「スリーマイル島の事故では三時間もの間、炉心溶融に気がつかなかった」「今回は炉心が損傷していることは確かであるとしても、それは一部にすぎない」「格納容器の外にある使用済核燃料プールで冷却機能が失われたのは問題である。ただし、水に浸しておけば大丈夫であり、水を入れれば数日間は時間的な余裕ができる」「いろいろな手立てがある、こういうときこそ、前向きに考える必要がある」との指摘である。

さらに、放射能漏れに関する朝長と星の見解は、「いま放出している放射線量はきわめて微量であって、すぐ何かが起きることは考えられない」というものだった。

記者への避難指示と「安全」報道の矛盾

総括しておこう。一号機、三号機の爆発が起きた時点でも、テレビメディアはもしかすると、政府以上に楽観的に事態を認識していたかのように思える。しかし、二号機の格納容器の損傷と四号機の破損は、もはや危機的な現実が覆い隠せないものであることを示していた。それに対してテレビメディアは、この避けえない危機的な現実を管理するために繰り返し「……の可能性にとどまる」という「可能性」言説で事態を理解するように視聴者を促した。

また、すでに12日の一号機爆発で冷却機能喪失がどれほど危険な状態を招くのか、十分に予測できたにもかかわらず、むしろ13日、14日には、三号機の注水しても水位が上昇しない事態、圧力容器と格納容器の圧力上昇という事態を安易にとらえることで、福島県下の住民に対して、被曝や放射能汚染という現実を覆い隠し、彼らが可能なかぎり健康被害を防ぐためにとりうる行動に制約を加えた。私見にすぎないが、一号機の爆発を受けて、逆に原発の危険性をこの危機的な事態に至っても覆い隠そうとする、より正確に言えば、危機的な事態に至ったからこそ、なおさら原発の危険性を覆い隠そうとする、「原発推進」側からのバックラッシュであったとさえ思える、そうした事態であった。

さらに三号機の爆発の後には、放射能汚染がもっともホットなテーマとして浮上することになるが、上記のように、通常の医療検査で浴びる放射線量といった、ほとんど比較しても意味のない数値をテレビメディアが提示することで、「安全」「安心」の「神話」が構築され、低線量の被曝という具体的な問題が論じられることはまったくなかった。テレビが創り出してしまう「知」のかたちがいかなるものか、それをはっきりと指し示す、まことに「異常な」事態であった。

いま一つ、指摘しておこう。

12日18時25分に出された第一原発から半径20キロ圏内の避難指示によって、メディア報道の各機関は記者がこの区域へ立ち入ることを自主規制し、さらに15日11時に出された20～30キロ圏内の屋内退避指示にしたがうかたちで、これ以降は30キロ圏内への立ち入りや取材活動も自主規制した。もちろん、それは、各社の記者の健康被害を食い止めるための措置であった。しかし、その規制を行ったテレビメディアは、本章で具体的な事例に即しながら繰り返し示したように、「ただちに人体への影響はない」という政府見解をそのまま放送し続け、専門家の解説を通じて「きわめて微量の放射線量が観測されているだけであり、健康への被害はない」ことを伝え続けたのである。

私はここで、30キロ圏内への立ち入りや取材活動の自主規制は誤りだった、と主張したいわけではない。

しかし、論理的にいえば、「きわめて微量の放射線量が観測されているだけであり、健康への被害はない」という政府の見解を支持し、それを踏襲し、自らそれが正しいと判断したのであれば、自ら20〜30キロ圏内に入り、そこでいまだ屋内に退避して生活する人たちを（短時間であったとしても）取材すべきだろう。逆にその圏内での取材行為が、「長期的にみれば、健康に被害が及ぶ」ような危惧すべきことがらであると考えるなら、20〜30キロ圏内の屋内退避指示という政府の指示が、本当に妥当なものかどうか疑問を提示すべきだろう。

テレビメディアは、自局の記者の取材を自主規制し、他方で屋内退避区域の住民に対しては「ただちに人体に影響はない」と報じたのである。自己矛盾を孕《はら》むこの態度を、テレビ局はどう説明するのか。

第5章

3月17日ヘリからの水の投下

人体への影響はどう語られたか

注水のために出動した自衛隊のヘリコプター
（仙台市若林区。写真＝朝日新聞社）

「今日が限界」

3月17日、上空および地上からの放水をどう報道したか――NHK

17日の朝のニュースは、「三号機、四号機とも使用済核燃料プールの冷却ができない状態で、深刻な状態が続いており、午前中に、空からの注水、地上からの注水も予定している」ことを報じた。

自衛隊のヘリコプターから7・5トンの海水を計四回にわたって投下する中継映像が流れたのは9時48分である。多くの視聴者がこの映像を食い入るように見たのではないだろうか。一回目の投下では三号機の冷却用プールに海水が入ったように見えたが、二回目、三回目、四回目は風に流されて海水は拡散した。

自衛隊は、この作戦のために、緊急時の被曝線量の最大値を従来の規定の100ミリシーベルトから250ミリシーベルトに引き上げている。原発で作業する労働者の年間被曝限度量が50ミリシーベルトである。自衛隊員はまさに「決死」の覚悟でヘリに搭乗したと思われるが、結果は芳しいものとは言えなかった。ただ、この海水の投下作業によって、どの程度の量かは不明ではあるが、四号機にはまだプールに水があることが確認された。11時28分から北澤防衛大臣が会見し、「今日が限度だ」と判断して実行したと発言した。自衛隊員の被曝を考慮に入れても、海水投下を行わざるをえない、今日がリミットだという趣旨の発言だろう。政府として、これがギリギリの判断だったことを示唆している。

NHKは、ヘリからの注水作業が終わった後の11時から、前日の夜の特集番組に登場した山口彰（大阪大学教授）をスタジオに迎えて、以下のニュースを流した。これもまたきわめて奇妙な報道であった。

登坂アナ　福島第一原発の三号機、四号機の使用済燃料を保管したプールが冷却できない状態になって、このままの状態が続くと外部に放射性物質が漏れ出す恐れがあることから、政府の対策本部は自衛隊に冷却作業を行うように要請し、三号機について自衛隊が水の投下を始めました。

このニュース内容に続いて、アナは、上空の放射線量が高いために、ホバリングといわれる停止状態で海水を投下することができず、飛行しながらの投下であったこと、ヘリの床下には被曝を避けるために鉛の板を敷いてあることを報じた。つまり、放射性物質が大量に放出されている事実が歴然としているにもかかわらず、上記のように、冒頭では、「外部に放射性物質が漏れ出す恐れがある」という言説をいまだに使い続けているのだ。

海水の投下作業についての水野の解説に続いて、山口は以下のように解説した。

山口　上空から散布するのは、風の影響もありまして、難しいと思います。しかし、元々使用済燃料プールというのは炉心から取り出して数カ月経っていますので、発熱量は元々あった炉心の〇・一％を下回るレベルにありますので、わずかな水でも、発熱レベルが低いですから、非常に期待できます。発熱量は炉心の一％程度なので、わずかな水でも効果は期待できる。ぜひ、放水と散布をあわせた効果で、まだ時間がありますから、継続してほしいと思います。

「まだ時間がありますから」の発言は、発熱量はわずかであり、水位の低下は早いスピードで進むわけではない、多少時間的余裕があるとの意味だろう。ただ、三号機の状態がつかめていない段階での発言としては、やや奇異な感じを受ける。実際、13時のニュースでは、以下のように発言した。

武田アナ　三号機についてですが、北澤大臣は「今日が山だ」と発言していましたが、先生はどうご覧になっていらっしゃいますか。

山口　白い煙のようなものが出ている、それはおそらく水蒸気だと考えられるのですが、ほかと比べてそれだけ水蒸気が出ているということは、温度が高くなっていて蒸発が起きていると考えられますから、三号機も沸騰という状態に至るまでそんなに余裕はないと思われますので、今日の午後の放水に注目しているところです。

武田アナ　三号機の燃料棒の状態はどうなっていると考えられますか。

山口　現状がどうなっているか、確かなことは言えない状況にある。ただ、燃料棒が損傷している可能性もあると考えています。ただ、その点につきまして、周辺への被曝、あるいは放射性物質の放出、そこが一番重要な点ですが、放射線測定のデータを注視しながら監視を続けるということ、それから使用済核燃料プールの中の燃料棒については、四号機に水があるかどうかも含めて、しっかり見ていくことが重要だと思います。

武田アナ　使用済核燃料ですね、もし損傷していると仮にしましたら、どのくらい危険なんでしょうか。たくさんの放射性物質が出るんでしょうか。

山口　ある程度、出る可能性があると思います。しかしながら、使用済核燃料プールは熱的にもそれほど温度が高くならないので、まぁ、そういう意味ではまだ大量に出る状況にはないわけです。水をきちんと注入して、水で覆ってやる、そういうことによって、遮蔽の効果もありますし、放射性物質を外に出さないという効果もありますし、冷却の効果もありますので、ここで全力で目指さないといけない。そういう意味では、燃料プールは格納容器の外にあるわけですから、放射線測定をして、対策を事前、事前にとるように臨むべきです。

「健康に害を及ぼす放射線量ではない」——フジテレビ

他局はどのように報道したのか。

フジテレビは17日の早朝5時25分に次のようなフリップを提示している。

一号機……水素爆発、燃料棒七〇%損傷
二号機……燃料棒全露出、格納容器損傷、燃料棒三三%損傷
三号機……水素爆発、白煙、格納容器損傷
四号機……火災

この一号機の燃料棒損傷七〇％、二号機の燃料棒損傷三三％という数値が何を根拠に示されたものか不明であるが、現状を、このフリップで説明した。その上で、プリンストン大学のフランク・フォンヒッペル教授によるメッセージを流した。

フォンヒッペル教授　福島の原子力発電所はすでにコントロールが利かない状態にあると思われる。非常に悪い状態が加速している。20～30キロ圏内であれば逃げる時間もある。そのために自分の身を（放射線から）いかに防ぐ（守る）かが求められている。

このような30キロ圏内の住民に対しても避難を呼びかける発言に対して、澤田哲生（東京工業大学助教）は以下のような反論を行った。

澤田　困るんですよね。彼は世界的にも有名で、こういう人がこういうことを発言すると……。いたずらに不安を煽っている。ナンセンスで無責任ですよ。

その後も、フジテレビでは、さまざまなフリップボードを提示して、健康に害を及ぼすような放射線量ではないことを繰り返した。８時からのニュースでは、汲田伸一郎（日本医科大学教授）を迎え、東京新宿区の測定値1250マイクロシーベルトについて、発がんの恐れがあるのは10万マイクロシーベルト、人体の免疫力が低下する値が50万マイクロシーベルトであることを強調して、健康への直接的な影響はないことを指摘した。さらに10時台のニュースでも、加藤和明（高エネルギー加速器研究機構）をスタジオに招き、50万マイクロシーベルトではリンパ球の減少、100万マイクロシーベルトではだるさが顕在化、300〜500ミリシーベルトでは半分が死亡、700〜1000ミリシーベルトでは死亡、といった数値を出して、健康への影響はないことを力説した。

このように、各局の解説者の言葉を見るかぎり、放射性物質の放出に関する認識は、「ある程度出るが、その値は高くない」というものだったことがわかる。しかも、その根拠は、日常生活で受ける放射線量との比較、航空機による移動の際に受ける線量、医療診断の際のレントゲン撮影による線量との比較からのものだった。

すでにチェルノブイリの原発事故による放射能汚染からも明らかなように、放射性物質の飛散は同心円状に広がるものではなく、風向きや降水の影響を受けて、飛び地のように点々と広がる。しかもいったん放射性物質が放出されれば、土壌や森林が汚染され、さらには、もっとも憂慮すべき内部被曝という問題も十分視野に入れた対応が求められるはずである。この視点から、政府の対応が十分か、住民に対する注意の勧告が適切か、避難指示の範囲が妥当か、メディア自身が的確な判断を行うことが求められていた。

だが、19日になった時点でも、「ある程度、（放射性物質が）出る可能性がある」「それでもただちに健康に被害はない」という報道が繰り返された。きわめて強い放射線が原発周辺地域のみならず、30キロ以上も離れた地域でも観測されているにもかかわらず、この時期になっても放射性物質の放出を「可能性」のレベルで語り続け、低線量被曝や内部被曝の問題については、ほとんどどの局も報じなかったのである。

低線量被曝をどう評価するか

たしかに低線量被曝の評価は難しく、専門家の間でも評価が分かれている。チェルノブイリ原発事故による健康被害についても諸説あり、確定的なことは言えないようだ。京都大学原子炉実験所の今中哲二によると、ＩＡＥＡによるチェルノブイリ・プロジェクトの国際調査団は「汚染に伴う健康被害は認められない」とする報告書を提出、またＩＡＥＡ主導のチェルノブイリ・フォーラムは２００５年に「放射線被曝にともなう死者の数は、将来がんで亡くなる人を含めて四〇〇〇人である」と結論づけた。

しかしこうした報告には批判が多く、今中は「その後、フォーラムの身内ともいうべきＷＨＯ（世界保健機関）やＩＡＲＣ（国際がん研究機関）からも……もっと大きながん死数推定値が発表され、フォーラムの面目は丸つぶれの状況にある」と述べている。その上で、今中自身は「死者の数は一〇万～二〇万人くらい、そのうち半分が放射線被曝によるもので、残りは事故の間接的な影響」による（「チェルノブイリ事故による死者の数」、http://www.rri.kyoto-u.ac.jp/NSRG/tyt2004/imanaka-2.pdf）と指摘する。科学的データの収集とその評価が、政治的な文脈によって左右されてしまう典型的な事例である。

低線量被曝に関しても、専門家の間で評価が分かれている。4月に入り、飯舘村や福島市や郡山市などでも放射能汚染が明らかになると、一部の専門家からは「年100ミリシーベルト以下では健康被害は観察されていません」といった言説や、もっと踏み込んで「年100ミリシーベルト以下では影響がありません」との発言が繰り返された。しかし、これも今中の意見によるものだが、「年100ミリシーベルト以下で過剰相対リスクの値が急にゼロになる」という閾値《しきいち》モデルは成立しがたいという見解が、世界の主流であるという。つまり、100ミリシーベルト以下という基準で見た場合の低線量被曝であっても、被曝影響がなかったということではない。他の要因によるがん死に被曝影響がまぎれてしまい、統計的に有意な増加としては観察されなかったと解釈すべきだと指摘している（「〝100ミリシーベルト以下は影響ない〟は原子力村の新たな神話か？」、『科学』11月号、岩波書店、2011年）。

こうした複雑な問題を、テレビメディアの送り手はどの程度認識していたのだろうか。この問題に対して、無知だったのか。もし、低レベル被曝の問題をいくらかでも認知していたならば、なぜ、これほどまでに、「健康被害はない」と表明する専門家のみを「動員」したのだろうか。

すでに指摘したように、「ただちに健康に被害はない」という政府見解を流し、しかも各局がそれを追認するかたちで報道する一方で、健康への影響を考慮して各社とも30キロ圏内への記者の立ち入りを禁止していた（第四章、158ページ参照）。現地取材を自主規制しつつ、テレビは放射性物質の飛散という事実を軽視する姿勢を取り続けたのだ。

大熊町、双葉町、浪江町の避難状況

住民避難、スクリーニング、除染の報道

原発事故発生から、住民の避難区域が拡大され、その都度住民は移動を強いられる生活を余儀なくされた。避難指示に関する経緯を振り返り、確認しておこう。次ページの表を

大熊町、浪江町への情報伝達と避難行動

事項	大熊町	浪江町
3月11日		
14時46分　地震発生 15時42分　10条通報 16時36分　原発事故官邸対策室設置 16時45分　15条通報 19時03分　原子力緊急事態宣言、原子力災害対策本部設置	16時30分　東電から電話連絡 17時10分　県から電話連絡 連絡なし	
20時50分　**県が2キロ圏内避難指示**	連絡なし	
21時23分　**総理、3キロ圏内避難と3〜10キロ圏内屋内退避指示**	連絡なし	
3月12日		
	0時前後　国土交通省から電話連絡で「バス70台手配」	
5時44分　**総理、10キロ圏内避難指示**	5時45分　防護服を着用した警察官が大熊町の住民に「逃げろ」の指示	連絡なし
5時46分　1号機注水開始 早朝　周辺地域に放射能飛散	6時　首相補佐官から電話連絡 9時　町民、田村市へ避難	早朝　防護服を着用した警察官が浪江町で放射線量測定

13時45分　保安院「炉心溶融」に言及	15時30分　役場を撤収し田村市に移す	13時　町独自の指示で20キロ圏内が避難
15時36分　**1号機爆発**	連絡なし	連絡なし
18時25分　**総理、20キロ圏内避難指示**	連絡なし	連絡なし
3月14日		
7時55分　3号機の格納容器圧力上昇		
11時01分　**3号機爆発**		連絡なし
3月15日		
5時30分　統合本部設置		
5時40分　官房長官会見		
6時10分　**2号機で爆発音**		連絡なし
6時14分　**4号機で爆発音、壁に穴2箇所**		
6時50分　15条通報		連絡なし
11時00分　**総理、20～30キロ圏内屋内退避指示**		連絡なし
		13時　町民、二本松市へ避難
		14時　役場を二本松市に移す

注：「連絡なし」について、ほとんどの場合、二つの町はテレビでそのことを知った。福長秀彦「原子力災害と避難情報・メディア」(『放送研究と調査』２０１１年9月号) に基づいて筆者が作成

参照してほしい。

事故が発生した3月11日の21時23分、第一原発の半径3キロ圏内の避難、3キロ〜10キロ圏内の屋内避難の指示が出される。これが第一の指示であった。

第一号機の格納容器の圧力が上昇し、タービン建屋で放射線レベルが上がっていることが判明、これを受けて枝野官房長官が第一号機のベントを実施予定と発言した（12日3時20分。法令に基づく実施命令は6時50分）後の、3月12日午前5時44分、第一原発の半径10キロ圏内の避難指示が出された。これが第二の指示である。

12日15時36分の第一号機の水素爆発を経て、17時39分に第二原発の半径10キロ圏内の避難、次いで18時25分に一号機の半径20キロ圏内の避難指示が出される。三回目の指示である。

さらに、二号機のサプレッションプールの破損が15日の朝6時10分に起き、四号機でも6時14分に爆発音がして建屋の壁に穴が開く。9時38分に今度は火災が発生した四号機は、午後にも再び火災が起きた。この15日8時には第一原発の正門付近で12ミリシーベルトの放射線量を観測、そして11時に第一原発の半径20キロ〜30キロ圏内に屋内退避の指示が出された。

こうして、四度にわたり、避難と屋内退避の指示が出された。上述のように、その間、避難指示が出された地域の住民は移動を繰り返し、屋内退避指示の地域の住民も、汚染への不安から避難せざるをえない状況におかれたのである。

詳細な聞き取り調査に基づいて住民の避難の経緯を記録した福長秀彦（NHK放送文化研究所主任研究員）の論考に全面的に従いながら、原発が立地している大熊町と浪江町の動きを見ておこう（「原子力災害と避難情報・メディア」、『放送研究と調査』9月号、NHK出版、2011年）。

大熊町での避難の動き

11日15時42分、一号機、二号機、三号機の「全交流電源喪失」による一〇条通報が出されたが、これは東京電力より電話連絡で16時30分ごろに大熊町役場に伝えられた。しかし、その後、19時3分に出された「原子力緊急事態宣言」も、福島県が20時50分に独自に出した福島第一原発の半径2キロ圏内の避難指示も、21時23分に出された3キロ圏内の避難と3キロ〜10キロ圏内の屋内退避指示も、国や県からの連絡はまったくなく、町役場では自家発電で見ることができたテレビでこれらの情報を入手した。

大熊町は、津波の直後にはすでに、3キロ圏内を含む沿岸部の住民を国道六号線から西側に避難させ、福島第一原発から3・2キロ離れた町立総合スポーツセンターには一一〇〇人が避難していた。ほぼ3キロ圏内の避難は完了していたことになる。その上で、21時23分の避難と屋内退避指示を受け、町の防災行政無線で一回、国の避難指示を流し、自宅に戻らないように指示したという。

翌12日の午前0時前後に、国あるいは県から電話で「国土交通省がチャーターした大型バス七〇台をそちらに回すから隣の双葉町と分けて使ってもらいたい」との連絡が入る。3時過ぎにはオフサイトセンター近辺に四七台の大型バスが到着した。そして6時前後には、細野豪志首相補佐官から渡辺利綱町長に、6時30分前後には、県の原子力災害対策本部から町役場に、それぞれ電話で、「菅首相が10キロ圏内の避難指示を出したこと」が伝えられた。

これを受けて、町役場は、午前6時過ぎから防災行政無線で繰り返し避難指示を伝え、総合スポーツセンターに避難している人たち以外の住民には町内一五カ所の集会所に集まるよう呼びかけた。8時以降、総合スポーツセンターや各集会所に集合していた住民は大型バスで隣の田村市の体育館に向かい、田村市への避難はほぼ14時ごろには完了したという。

しかし、これで避難が終わったわけではない。12日18時25分に出された第一号機の半径20キロ圏内の避難指示に従い、大熊町の20キロ圏内に残っていた十数世帯の人びとを田村市に避難させる必要があったからである。さらに避難した田村市も一部が20キロ圏内に入るところがあり、そこに避難した人たちはより遠くの小野町まで避難しなければならなかった。枝野官房長官による「念のため」の避難であるという会見内容を信じて、多くの住民は「二、三日で帰れると思っていたので、ほとんど着の身着のままの状態だった」という。

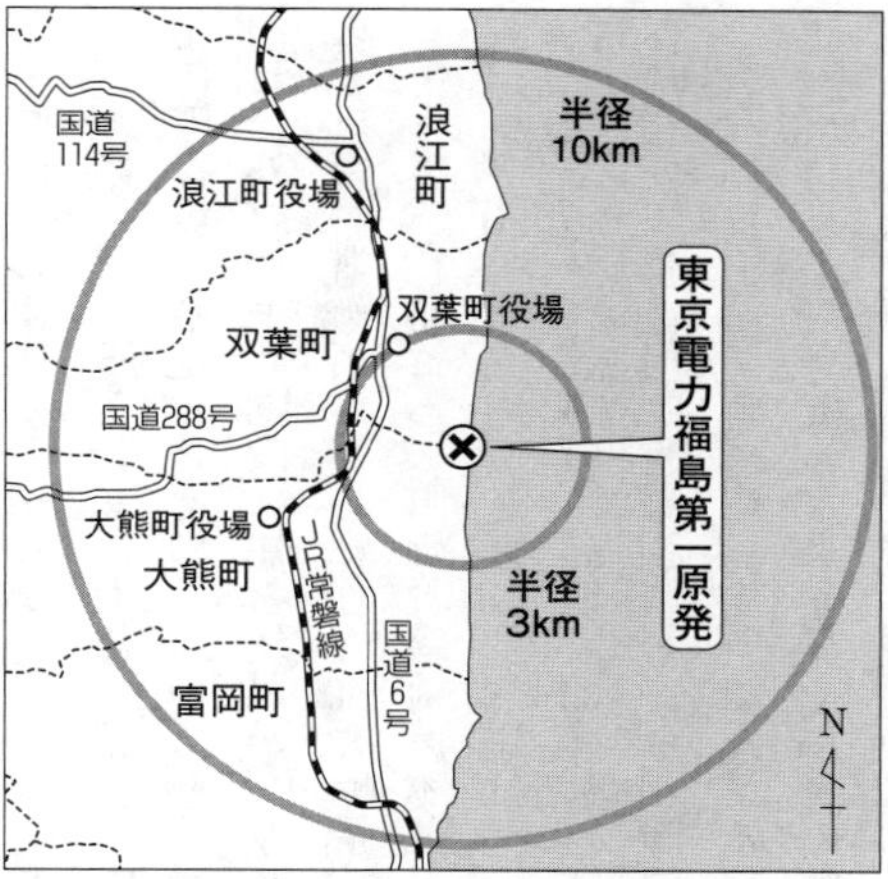

福島第一原発周辺の自治体

浪江町での避難の動き

浪江町の状況も、東京電力、政府、県から、ほとんど連絡がなかったという点では、大熊町と同様の状態におかれていた。上の地図に示したように、浪江町役場は福島第一原発から10キロ圏内の8・7キロ、20キロ圏内に町の三分の一程度が入る。

半径10キロ圏内の避難指示（12日5時44分）は、大熊町と同様に、町の職員が自家発電で使用可能になったテレビで知った。

国や県からの連絡は一切なかった。この避難指示は、6時40分から7時30分にかけて防災行政無線で繰り返し伝えられる。津波で被災した沿岸地域の住民約二〇〇〇人、六〇〇世帯は町役場の敷地内とその周辺の公共施設に11日の午後から避難していた。この避難者とそれ以外の10キロ圏内に住む住民が、9時ごろから町が手配したバスで、10~20キロ圏内の五カ所の避難所、さらに20~30キロ圏内の避難所に向かった。

その後、13時ごろ、町は災害対策本部の会議を開き、町独自に避難区域を20キロ圏内に設定し、20キロ圏内に避難した住民はマイクロバスに分乗し、あるいはマイカーを運転して、20~30キロ圏内の津島地区に移動したという。町独自の決定から五時間ほど経過した18時25分、菅首相は避難区域を20キロ圏内に拡大したが、その連絡も国からはなかった。

3月15日午前7時に津島支所で対策本部の会議を開催した席で、町は、テレビや新聞で知った14日の三号機の水素爆発や15日の朝の二号機のサプレッションプールの破損など深刻な事態を重視して、30キロ圏外の二本松市への避難を決め、住民への再度の避難指示を出した。政府が20~30キロ圏内を屋内退避とする指示を出したのは、その後の11時のことである。

この二本松市への避難を決めた15日は、第一原発の正門付近で午前6時に72・3マイクロシーベルトだった放射線量が、午前9時には1万1930マイクロシーベルトに急上昇している。こうした情報も、東京電力から伝えられることはなかったとのことである。

福長は、以上の調査レポートをふまえて、12日5時44分に出された「10キロ圏の避難指示ももっと早く出すべきではなかったか」と指摘している。その理由として、東京電力が0時55分に一号機の格納容器圧力の異常上昇を通報（一五条通報）し、この時点ですでに「原子炉建屋内部の放射線量が異様に高くなっていた。格納容器内部の放射線量も相当なレベルになっていたと予測できた筈《はず》だ」からである。事実、第二章で述べたように、第一原発周辺地域では放射性物質が飛散していることを、政府中枢は知っていた。

さらに、15日11時に出された20～30キロ圏内の屋内退避指示も「迅速なタイミングとは言い難《がた》」く、遅かった、との認識を福長は示している。二号機は、前日の14日から原子炉の水位が下がり、原子炉冷却装置が機能しなくなっていた。そして15日6時10分にサプレッションプールが破損する。その時点から五時間も経過してからの屋内退避指示だったからである。

私も福長の指摘は正しいと思う。すでに検証したように、15日の時点で、こうした指摘を行った専門家は一人もいなかった。

圧倒的に少なかった避難者に関する情報

原発事故の現状とその対応を伝えることと同時に、報道機関は、住民の避難の実態、政府・自治体の対応、避難生活で起きている課題、そして何よりも住民の健康被害が起きていないかどうか、除染・スクリーニングがスムーズに実施されているかどうかを、調査して報道する責任があったといえる。それぞれの機関は、多くの記者を配置して、それらの取材に取り組んだはずである。

ところが、それらの情報はわずかしか流れなかった。避難区域の自治体の職員との電話取材などで、その様子が伝えられることはあった。また、避難者がバスに分乗する映像が時折伝えられることはあった。しかし、実際の避難の実相が詳しく伝えられることはほとんどなかったし、避難が完了していない地区の状況も詳細に報道されることはなく、断片的な情報として流れるだけだった。

3月12日5時44分に第一原発の半径10キロ圏内の避難指示が出されたことは述べたが、それから二四時間以上も経過した3月13日の時点で、町のほとんどの地域が10キロ圏内にある双葉町の住民の避難は完了していなかった。たとえば、12日、双葉町の住民がバスに乗り込んで避難するために待機していた場所で被曝し、また双葉町厚生病院の患者と職員九〇人が病院の南側の高校グラウンドからヘリコプターで避難する最中に被曝した。各局ともこれを報道したが、その扱いは軽いものだったと言わざるをえない。避難住民に関する情報量は圧倒的に少なかった。

ただ、前述したように、他局と比較してこの避難住民の取材と報道により力を注いだのはTBSである。

上記の双葉町厚生病院の患者と職員が経験した事態を、TBSは12日21時45分に伝えている。その内容は以下のようなものだった。

双葉厚生病院の患者六〇名と職員三〇名のあわせて九〇名が避難するために双葉高校のグラウンドに向かい、救援のための自衛隊のヘリコプターを待っていた最中に、福島第一原発一号機の爆発があったということです。その煙を見た職員が病院に戻ったとのことです。そのうち、三名が被曝線量を測ったところ、三人とも除染の必要があるとのことです。一人は毎分10万カウント、あとの二人は3〜4万カウントとのことです。

ちなみに、NHKがこれを報じたのは、確認しうるかぎり、13日の早朝5時20分が最初であった。

その後もTBSは、避難住民の状況を報じた。13日13時34分、福島県からの情報として「福島県で二〇〇人が被曝の可能性があること」「一三〇人が二本松の避難所で検査を受けていること」「県が国に除染の支援を要請していること」「福島市に避難者が殺到していること」を伝えた。NHKがこれを伝えたのは、14日の深夜2時16分過ぎである。「川俣町、大熊町、双葉町からの避難住民が二本松の避難所で検査を受けて、七〇人が除染の必要がある」「計測された線量は微量で、健康への被害はない」との内容だった。

さらに13日の22時54分から、前述の萩原豊記者は、詳しく避難者の実態をレポートした。それは、三分ほどの短いレポートではあったが、3月11日から一週間の間で見れば、避難者の実相をもっとも長く伝える映像であった。内容は、原発一号機の爆発によって双葉町から避難し、自衛隊の担架で避難施設に運ばれる入院患者や老人介護施設入居者の取材に基づくものだった。その映像は、避難者三人の声を伝えた。

若い男性 花火よりは大きめな〝ボン〟という音で、原子力発電所のほうを見たら、白い煙が上がっていた。（どんな気持ちでしたか?）もう、これで終わりだな、と思いました。

ナレーション　この方は、避難していた双葉町の公民館で爆発の音を聞いたと言います。

高年女性　あのときは公民館にいたんですね。玄関で話をしていた。びっくりしましたよ。飛び上がりました。すごい音がして、バンバンって。すごい音でした。飛び上がるような……天井の屋根が落ちてくるような感じで……。

ナレーション　除染が必要な放射線量が検出された五十嵐さん、爆発したときは自宅にいました。

五十嵐　窓は閉めてたけれども、しょっちゅう出入りしていたもの……だから放射能を浴びたんだと思うよ。

ナレーション　五十嵐さんは、放射能を浴びた自分よりも、まっさきに他の避難者のことを心配します。

五十嵐　動けない人もいるしなぁ、年寄りばっかり。悲しいよ、ほんとに（涙）。こういう人たちばっかりだもの……。こういう人たちばっかり取り残されたのよ！　涙見せて情けない。官房長官が立派なこと言っても、現場はこういう状態だよ。（放射能を浴びたということについては？）現実にあるんだだな。

ちなみに、避難住民がスクリーニングの検査を受ける映像は、フジテレビで13日15時からのニュース枠で報道したのがもっとも早い。そこでは映像とともに、一号機の爆発音を聞いた病院職員の「綿のようなものが降ってきた」という発言を報じた。TBSでこれが流れたのは、13日の19時10分である。これに対して、NHKが住民のスクリーニングの映像を流したのは、確認しうるかぎり、16日の19時のニュースが最初である。

もちろん、NHKも記者を配置して、他の局と同様にスクリーニングの様子を取材していたはずだろう。その記録映像もあるだろう。しかし、ニュースバリューの点で他の項目が優先されたのか、物々しい防護服とマスクを身にまとった自衛隊員による避難者の除染の映像が流されたのは、もっとも遅かった。翌日の17日の15時のニュースでNHKは、「昨日（16日）の時点で、避難住民の約一万人がスクリーニングを受けて、六名が部分ふき取りを実施、それ以外の全員は除染の必要な人はいなかった」と伝えた。

以上のように、番組の検証作業から見て取れるのは、TBSのように他の局と比較すれば報道時間量がいくぶん多い局があったとはいえ、福島の現地で避難行動をめぐり何が起きているか、避難者がどのような状況におかれているか、といった問題を初期の3月12〜17日の時点で詳細に伝える報道はきわめて少なかったということだ。すでに述べた専門家の「可能性」言説と、「ただちに健康への被害はない」とする「安全」「安心」言説から編成された中央の目線からの報道に、当事者の声がかき消されたともいえよう。

食品まで広がる放射能汚染──「安全」神話のほころび

18日、福島第一原発の作業員の声が伝えられる

17日午前9時48分からの陸上自衛隊のヘリコプターからの海水投下、19時35分から始まった自衛隊による地上からの放水作業による三号機、四号機の変化を、テレビメディアは逐一伝えた。この17日の困難な作業を総括し、今後の対応の見通しについての、枝野官房長官の会見が行われたのは翌日の18日11時からだった。

原子力発電所の現状について、若干ご報告をいたします。昨日、空と地上から三号機に放水をいたしました。水蒸気が出ているということですので、使用済核燃料貯蔵プールに水が入っていることは間違いないと思われますが、どのくらい入っているかということについては、確実な情報は入っておりません。引き続き、注水の作業、本

日の午後から行うということで報告を受けております。午前中は発電所に外から電力を引く作業を集中するということでございます。可能であれば、空から発電所の状況を、昨日の状況を把握すべく、空から写真の撮影ができないかどうかの報告を受けております。

また先ほど、東京消防庁チームに現場近くまで来ていただいており、自衛隊の注水に影響を与えることがないのであれば、影響を与えないで可能な一号機のプールに放水する、こちらは三号機、四号機のように切迫するというような状況にはありませんが、それぞれのプールに水を満たして、万全を期したいということでございます。

それから周辺のモニターの数値ですが、部分的に大きな数値が出ているところはありますが、全体としては、人体に影響を与える数値は示されておりません。若干大きな数値が出ているところがありますが、ただちに人体に影響を与える数値ではありません。ただ、地形や気候によって影響されますので、周辺部のモニタリングを強化いたしまして、さらなる分析ができるようにするところです。

確認しておこう。「部分的に若干大きな数値が出ている」との発言がなされたが、それがどの地点か、ということが明らかにされないまま、「ただちに人体に影響を与える数値ではない」という発言が18日の午前の会見でも表明された、ということだ。

枝野が言及した東京消防庁ハイパーレスキュー隊による放水が実行されたのは14時であった。自衛隊、警察庁、消防庁の職員や隊員の懸命の努力と奮闘、とくにハイパーレスキュー隊の放水によって、使用済核燃料プールからの放射能放出は鎮静化した。ようやくこの18日の午後の時点から、事態が好転する方向に少しずつ向き始める糸口をつかんだのだ。しかし、使用済核燃料プール問題が一段落してからも、外部電源を回復させて原子炉冷却装置の機能を復旧させる作業は難航する。

18日の放送内容の特徴は、この日から、ようやくはじめて福島第一原発で作業していた作業員の声が伝えられたことだ。「地震の揺れで恐怖感に襲われた」「汚染の検査をしてから表に避難した」（NHK18日13時11分）、「（爆発のとき）強い風が吹いて、その後物が降ってきた」「もう終わり（と思い）半泣きした」（NHK18日21時16分）という、まさに爆発時にその現場にいた作業員の声である。

19日、ほうれん草と原乳から基準値を超える放射線量が検出

19日早朝5時からのNHKニュースは、「東京消防庁のハイパーレスキュー隊が今日の深夜0時30分から放水を行い、二〇分間で60トンの水を放水したこと」「昨日は七回にわ

たり50トンを放水したこと」「原発周辺地域の取り残された人を厚生労働省が搬送する予定である」、そして「外部電源をつないでも、本格的に使えるようになるまでには時間がかかること」を伝えた。

外部電源を用いた原子炉冷却システムの機能回復が難航した理由は、単に配電盤に外部送電線をつないでも、地震や津波で破損したポンプや電気回線の修復や交換を進めないかぎり、原子炉冷却システムの機能回復を図ることはできないからである。またもう一つの理由は、放射線量が高いなかでの修理や交換作業はきわめて困難だったからである。

11時からのNHKニュースは、「今日から電気を流せる見込みであること」、さらに保安院の会見VTRを流しながら「午後にも三号機に放水する予定である」「六号機から電源を受ける見通しである」ことを伝えた。

このときの保安院の会見は、保安院としてはじめて、20〜30キロ圏内の住民に対する注意事項を伝えるものだった。それは、

・まったく外出してはいけないということはない
・徒歩よりも車で移動すること
・マスクをすること
・肌を出さないように長袖を着ること

・雨にぬれないこと

というものだ。このときにはじめて保安院は、住民への対応を行ったのだ。

この会見を受けて、NHKは、「住民の間で二四時間外出してはいけないのかという混乱が生じていたため」、この会見が行われたことを伝え、山崎淑行記者は、「徒歩で外出することには問題はないが、できれば車で移動してほしい」「雨にぬれないよう100円ショップのウィンドブレーカーを着てもらって、一度着たものは使い捨てにするほうがいいかもしれない」等のアドバイスを行った。この時点になっても、それはあくまで「念のための対策であること」と語った。

その日の午後、予測された事態が報じられる。16時過ぎから行われた枝野会見で明かされた。

収束に向けて全力で事にあたっているところで、一歩一歩改善に向かっているところでございます。ただ、楽観を許さない状況であることに変わりありません。一号機、二号機、三号機は一定の安定状態にございます。三号機への注水は一定成功しております。

このように述べた後、彼は次のように続けた。

もう一点、ほうれん草、牛乳についての報告でございます。福島県内で採取された牛乳、そして茨城県内で採取されたほうれん草の検体から、食品衛生上の暫定基準値を超える放射線が検出されましたという報告がございました。……ただし、その値は、牛乳においては、一年間飲み続けたとしてもCTスキャン一回分の値、ほうれん草では、一年間食べ続けたといたしましてもCTスキャン一回分の値の五分の一でございます。


放射性物質が飛散して植物に付着し、放射能汚染が始まっていることを伝える第一報であった。もちろん、汚染は、植物に限定されない。土壌、森林、そして放射性物質が付着した草を食べ、空気中に混じった放射性物質を体内に吸い込んだ家畜にまで放射能汚染が広がっていることが明らかになったわけだ。

これをNHKニュースでは、枝野会見の内容を再度詳しく伝え、水野倫之解説委員は、「まずこれは、食品からも放射能の影響が出てきたということは、福島原発事故で、じわりじわり影響が広がっている一つの事実だと思います」と述べた。

同日の18時からのニュースは、この食品への放射能汚染と橋本昌茨城県知事が「ほうれん草の出荷を停止する措置」をとったことを報じた。その後、VTRで村松康行（学習院大学教授）は「食べ続けないかぎり、健康には影響はない」とコメントした。

テレビは、この時期までに、土壌汚染、森林汚染、さらに農作物の汚染、海洋汚染、といった問題が十分に予期されたはずであるにもかかわらず、「放射性物質の放出はわずかで、その人体への影響はない」という自らが語った「神話」のもとで、そうした問題が起こりうることを一度として語ることはなかった。

しかし、福島県内で採取された牛乳と茨城県内で採取されたほうれん草の検体から、食品衛生上の暫定基準値を超える放射線が検出されたとの発表は、この「神話」を根底から突き崩したのである。

これ以降、長く続く放射能汚染との闘いが始まることになる。

第6章

原発事故に関する インターネット上の情報発信

事故直後の3月12日にネットで情報を集める福島県原子力安全課の職員
(写真＝朝日新聞社)

ネット情報の存在感の高まり

視聴者が「大本営発表」だと感じたテレビ報道

前章まで、3月11日の原発事故発生から17日までのテレビ報道を中心に検証した。これまで、それぞれのテレビ局がどのような報道を行い、解説者がどう説明を加えたか、検証を試みた。その検討から、局の立ち位置に違いがあること、あるいは同じ局のなかでもその時々の変化や状況判断によって報道する際の観点に変化があること、さらには当然のことながら、報道内容の違いや特徴があったことも見えてきた。

しかしながら、その相違はそれほど大きいものではない。

3月11日から12日にかけて、テレビは福島第一原発の冷却機能喪失という事態をいちはやく報道した。しかし、原子力発電所において冷却機能が失われるという事態がどれほど深刻で、冷却機能喪失が原子力発電所のシステムダウンを意味する、文字どおり「想定外」の危機的事態であるのか、この点を十分に認識していたとは言いがたい。それはテレビの送り手側のみならず、テレビで解説・発言した原子力工学の専門家においても同様であった。電源車が到着すれば、冷却機能の回復は可能だと考え、事態が悪化するとは考えていなかった。この時期のテレビで語り出された言説を「楽観論」の言説と名づけたのも、そうした理由からである。

第一号機の爆発は、これまで繰り返された「原発は安全である」「多重に防護されている原子力発電所から放射能が漏れ出ることはない」という「神話」を打ち砕いた。一号機の爆発は原子力発電所がシステムダウンし、放射能が飛散するという〈現実〉を、私たち一人一人に突きつけたのである。メディアが創り出してきた、原発は安全で、もっともクリーンなエネルギーであるという「社会的現実」が根底から壊れた一瞬であった。

しかし、一号機が爆発した翌日の12日から13日にかけて、テレビはその〈現実〉を直視するどころか、実際には保安院すら推測した「炉心溶融」という事態を、実際に原子炉を見なければわからない、確証できないことがらであるとみなして、「炉心溶融」を起こりうる（あるいは、すでに起きてしまった）事態の「可能性」の一つとみなす「可能性」言説を編制し、三号機の爆発も十分想定できる事態であるとの推測を積極的に行うことはなかった。この「可能性」言説を編制する上でもっとも力を発揮したのは、この時期に登場した専門家、科学者集団である。こうした言説を通じて人びとの意識をコントロールすることは可能だとしても、〈現実〉を操作して変えることなどできない。三号機は一号機と同様に水素爆発し、二号機は格納容器の破損、さらに三号機、四号機も使用済核燃料プールの水位低下によって大量の放射性物質を飛散しかねない一歩手前の状態まで進むという、複数原子炉の同時危機が生まれた。

事態の深刻化が進むなかで、14日以降、テレビの報道で顕在化したのは「放射性物質の飛散はコントロールされたもので、ごく微量であり、ただちに人体に影響はない」「CTスキャン一回分より低い」といった言表を用いて表象された「安全」「安心」の言説であった。放射性物質がもっとも飛散した15日、16日、そして「決死」の放水作業が行われた17日のあとでさえも、「ただちに健康に影響を及ぼすものではない」という政府見解を、テレビは自らの解説を通じて踏襲し、流し続けたのである。

こうしたテレビ報道は、同じ内容をすべてのテレビ局が行っていると視聴者からみなされてもいたしかたないものだったといえる。テレビの報道が「大本営発表」だと感じた視聴者の印象を、単なる印象にすぎないとして片づけうるようなものではけっしてなかった。一部視聴者からは、「民放は四局もいらない」との発言すら上がるほどであった。

ネット上ではどんな情報が流れたか

本書の冒頭で指摘したように、テレビの報道内容に対して、視聴者の間から不安やいら立ち、あるいは「本当に事実を伝えているのか」という疑問の声が上がり、「本当に原発で何が起きているか」、正確な情報を知りたいとの思いからインターネット上のさまざまなサイトにアクセスする人たちが急増していく。また、ツイッターやフェイスブックで専門的な情報を発信し、それを多くのユーザーがフォローして、瞬く間に情報が移動する現象が生まれた。

たとえば、すでに紹介したドイツの気象局のウェブサイトが提供した放射性物質の拡散予測、外国のメディアのサイトによる原発事故の記事、今中哲二（京都大学原子炉実験所助教）のブログ「Campaign for Nuclear-free Japan」が提供した情報や、フランスのル・モンド紙の記事を訳した専門家の情報、あるいは早稲田奉仕園を会場に行われた広河隆一（『DAYS JAPAN』編集長）と広瀬隆（ノンフィクション作家）の緊急報告会「福島原発で何が起こっているか?」（3月23日）の映像のアップ（YouTube：http://www.youtube.com/watch?v=3UXtyqdGgml）、小出裕章（京都大学原子炉実験所助教）が毎回出演した「たね蒔きジャーナル」など、多様な情報がネット上に流れ、ネットワーク化されたのである。

個人的な事柄ではあるが、自然科学者である私の同僚は、東電のホームページにアップされた原発事故に関するデータを独自に解析し、現状についての判断に有益な情報や、一日で東電がホームページから削除した重要なデータに関する情報を伝えてくれた。こうした情報のなかに、多くの人がアクセスした大前研一の解説を加えてもよいだろう。

とくに、前述の広瀬の映像は、「いま冷却のために注入されている真水や海水は、高濃度の汚染水となって、今後大変な事態を引き起こしていく」という、テレビがいっさい伝えない貴重な情報を含むものだった。

これらの無数の情報が生産・流通・受容され、補完されることで、ますますテレビが発信する情報が相対化され、これまでは「それなりの信頼性のある情報を提供しているはずだ」と考えられてきたテレビ情報に対して、多くの視聴者が一層の「不信感」をいだく結果となった。

この章では、原発事故が深刻化する状況で、では、ネット上でいかなる情報が流れたか、そこに目を向けてみたい。もちろん、ネット上の情報は膨大であり、それをつぶさに検証することは不可能だ。そこで、この時期にネット上を駆けめぐった情報のなかでも、テレビメディアが伝える情報の質や、ステレオタイプ化した報道のスタイル、局のアナやテレビに登場した専門家の言説の輪郭や限界をはっきりと浮き彫りにするような、フリーのジャーナリストやビデオジャーナリストが生産した情報を追跡しておきたいと思う。一般に組織ジャーナリズムといわれる新聞社やテレビ局の職員・社員が記者として報道する視点とは区別して、ここでは彼らの報道スタイルを「外部の視点」に立つジャーナリズムと位置づけておこう。組織の内部的な規範やルールからも、取材対象との関係から生まれる「抱合的」な関係からも、彼らは相対的に独立して取材活動を展開できるからである。

以下では、二つの情報に注目して検証を加える。一つは、岩上安身が主宰するIndependent Web Journal（以下、ＩＷＪ）によって3月12日の夜にアップされた「原子力資料情報室記者会見」である。もう一つは、「福島県内の学校施設の除染問題」に関する福島の市民と文部科学省との交渉を取材したOurPlanet-TVの映像である。この二つの映像に代表性はない。テレビメディアが報じた情報を補完あるいは対抗するオルタナティブで有益な情報は、数えきれないほどネット上に流れていたからである。しかし、そうした限定を付しても、この二つの映像は、原発事故が深刻度を増していく時期、4月に入り放射能汚染が現実の問題として意識された時期に、ネット上でどのような情報が流れたか、どのような映像がネット上を駆けめぐり、その映像を通じて人びとがいかにネットワークをつくり出していったか、という一つの断面を記録するに十分値するものだ。

3月12日、ＩＷＪによる原子力資料情報室の記者会見報道

岩上が立ち上げたＩＷＪが報じた「原子力資料情報室記者会見」は、12日の夜に行われた。その映像は、ネットにただちにアップされた。

この時間は、すでに、第一号機の格納容器の建屋上部が爆発で崩壊してから四時間が経過し、18時25分には20キロ圏内の避難指示が出され、枝野官房長官会見で「格納容器の損傷はない」との発表がなされた時刻と重なる、その時点での会見である。そこで解説された三人の専門家の要旨を整理しておこう。

狭い原子力資料情報室の会見会場からの、しかも照明が不十分で少し暗いと感じられるなかでの会見である。映像としては見づらいものだったが、なんとか事態の実相を伝えたいという三人の報告者の発言は、冷静ではあるものの、テレビに出演していた専門家の発言を、熱意と気迫で圧倒していた。

会見の冒頭、この情報室の理事を務める河合弘之（浜岡原子力発電所差し止め訴訟の弁護団長）から会見の趣旨が話された。最初に、彼は、これまでの政府や東電の会見と現在のテレビ報道では、適切な情報や今後の予測が不十分であること、したがって「いま、何が起きているか、今後何が起きようとしているか」に関して、原子力資料情報室としてできるかぎりのことを知らせたい、という点に会見の目的があることを述べた。

そのあいさつに続いて、上澤千尋（原子力資料情報室・原子力安全問題担当）が放射線量について解説した。第一は、避難指示の根拠である。彼によれば、（11日の21時23分に出された）3〜10キロ圏内の避難指示と20キロ圏内の屋内退避の指示の根拠となる政府のデータを見るかぎりでは、10キロ圏内では一般の人が一年間で浴びる限度といわれている1ミリシーベルトの二〇〜五〇倍の放射線量を浴びることを想定して設定している。第二は、国際放射線防護委員会（ＩＣＲＰ）が設定した年間1ミリシーベルトという値は、研究者の間で諸説分かれてはいるものの、一万人のうち五〇〇〜一〇〇〇人ががんを発病すると主張する研究者もいる、そうした数値である。第三は、東京電力や保安院は放射性物質の飛散のシミュレーションを行っており、その数値をただちに出すべきである、という内容だった。

二号機のサプレッションプールの破損を予期

次に発言した後藤政志は、東芝で原子炉格納容器の設計に携わり、とりわけその耐久性について研究し、２００９年に退社した。彼が指摘したのは、以下の六点である。

第一に、非常用ディーゼル発電機の立ち上げに失敗し、冷却機能がすべて失われたという状態は、原子炉プラントとしてはすでに破綻していることを意味する。

第二に、明らかに炉心溶融が起きていることが考えられる。

第三に、冷却系統がいたるところで破綻している状態で、サプレッションプールの温度は１００度近くまで上昇して圧力容器の圧力を低下できない状況になっていることが予測できる。

第四に、格納容器の気圧が4・35気圧から、その二倍に上昇しているとの情報が正しければ、格納容器自体の破損も想定できる。

第五に、圧力容器の圧力や温度、同様に格納容器の圧力や温度のデータとその変化がわかる情報を出していない。政府や東電がデータを出していない理由には、二つのことが考えられる。一つは、そもそも政府や東電がわからない、ということかもしれない。こうしたシビアアクシデントが起こらないとの想定でセンサー（計測機器）を設置しているために、計測不能になっている可能性が高いからである。二つめの理由は、データを隠している、という可能性である。

第六に、焦点は、冷却できるかどうか、格納容器が壊れないかどうか、にかかっている。海水注入は、注入によってメルトダウンした核燃料に海水が接触して水蒸気爆発が起こるというリスクを背負うものだが、炉心の冷却のためには「これしかやりようがない」という手段である。

この指摘は明快である。しかも、二号機で起きたサプレッションプールの破損を予期した説明がなされていることにも注目すべきだろう。

事態を判断する上でどんなデータが必要かを指摘

三人目の解説者として、田中三彦が説明を行った。彼は、バブコック日立で福島第一原発四号機などの圧力容器の設計に1969年から1977年まで携わり、その後に退社、サイエンスライターとして活動している。彼は以下の諸点を力説した。

第一は、テレビなどで「原子炉が自動停止した」と伝えたが、それは「原子炉が安全圏内に入った」ことを意味するものではない。当初、メディアはそのことを十分に認識できていたのか。さらに冷却装置の機能停止という事態がどれほど重大な事態か、この点を認識していたのか。11日、12日の報道を見るかぎり、そうした危機感はまったくなく、事態の重大性をとらえたものとはなっていない。

第二は、とくにテレビ報道、とりわけNHKの報道は、「パニックが起きることに配慮しすぎて」問題の核心に触れない報じ方をしている。

第三は、問題の核心とは、格納容器内部の気圧がなぜ急激に上昇しているか、この点にある。しかし、この問題について政府も東電も説明せず、メディアで解説している専門家や学者もこの点を追及しようとしていない。

第四は、テレビでは、格納容器の気圧が通常4気圧であるが、それが二倍にまで上昇しているると報じているが、それはまったく誤っている。格納容器の通常の気圧は大気とほぼ同じ1気圧で、4気圧とは格納容器内部の気圧がこの基準までは達しないようにしている設計上の上限であって、それが二倍近い8気圧にまでなっているというのは異常な事態である。

第五は、なぜ格納容器内部の気圧が急激に上昇したか、その原因には二つのことが考えられる。一つは、給水配管や主蒸気配管など、配管の破断によって、格納容器に水蒸気が充満して圧力が上昇していることである。第二に考えられることは、制御棒が挿入され核分裂が停止した後でも続く残留熱を除去する冷却機能システムが停止したことで、通常276度である炉心の温度が上昇して、水が蒸気になって気圧が上昇すると作動する「逃がし安全弁」が働いて弁が開き、そこで格納容器に水蒸気が溜まり、気圧が上昇することである。しかも、この「逃がし安全弁」が開いたまま制御できない「開固着」といわれる状態になれば、水蒸気が一気に圧力容器から噴き出して、炉心が「空だき」状態になってしまう、最悪の事態を招きかねない。

田中の指摘は、エンジニアとして圧力容器の設計に自ら携わった技術者の視点から、何が原因で格納容器の圧力が上昇しているか、今後いかなる事態が想定しうるのか、そしてそのときの状況下で、事態を的確に判断する上でどんなデータが必要か、政府や東電から開示されていないデータは何か、を的確に指摘するものだった。

3月12日の時点で、テレビが伝えた情報と比較してほしい。既存のメディアが事態を判断する上で必要なデータは何かを指摘せず、さらに強くその必要なデータの公開を政府や東電に求めることもなく、政府の発表をそのまま流し続けたことを、「不作為」の責任と本書では指摘した。それに対して、この会見では、メルトダウンがほぼ確実に起こっていること、格納容器の破損が十分に予測できること、状況を正しく把握するために必要なデータをいちはやく政府や東京電力が公開すべきこと、これらの諸点を工学者の視点から指摘している。しかも、この時点で、放射性物質の飛散状況をシミュレートするシステムの存在を指摘し、そのデータの開示を求めたこと、避難指示の基準の根拠が示されたことはきわめて重要な情報だった。

かつては、ネットの情報は信頼性が乏しいと考えられてきた。今回の大震災でも、風評やデマがネット上で流れたことは事実である。しかし、上記の原子力資料情報室が発信したネットの情報がその一例といえるが、一定のメディアリテラシーがあれば、インターネットのほうが既存のマスメディアよりも有益な情報をもたらしてくれることが明らかになったのである。

繰り返すが、これはほんの一例にすぎない。マスメディアが伝える情報とは異なる有益な、自身の判断に資するさまざまなネット上の情報が流通すればするほど、政府の公式的見解を伝えるだけの既存メディアに対する不信感が相対的に高まる、そうした社会情報の回路が生まれたのである。

「福島県内の学校施設の除染問題」をめぐるテレビ報道とネット情報

20ミリシーベルト問題をテレビはどう伝えたか

既存のメディアが伝える情報を相対化する、もう一つの事例を取り上げよう。4月に入り、大きな焦点となった「福島県内の学校施設の除染問題」である。事の経緯を振り返っておこう。

政府は4月19日、子どもたちが屋外で活動をしても大丈夫であるとする暫定基準を福島県に通知した。その基準は、空間線量が年間20ミリシーベルト、毎時3・8マイクロシーベルト以下である。この基準が発表されると、福島県民の多くがこれに不安を感じて、政府・文部科学省の見解にさまざまな疑義を呈した。理由は、基準があまりに高く設定されていたからである。

チェルノブイリ原発事故後の対応と比較すれば、福島の県民の不安や政府見解に対する批判はもっともなものだ。チェルノブイリでは、年間5ミリシーベルト以上が強制避難区域とされ、1ミリシーベルトから5ミリシーベルトの範囲では、避難する権利がある区域とされた。しかも今回は、放射線の影響を大人よりずっと多く受ける子どもたちを対象にした値である。では、なぜ20ミリシーベルトなのか。安全基準を「甘く」設定することで、さらなる住民や子どもたちの避難を回避して、経済的コストや政治的・政策的コストを負担したくないとする、政府の判断だろう。

テレビがこの問題をどう報道したか、最初に見ておこう。19日夜のNHKの21時のトップニュースである。

大越MC　東京電力の原子力発電所の事故で、学校はどう対応すべきか、今夜、その目安が示されました。文部科学省は今夜の会見で、避難や屋内退避の対象となっている地域以外の学校などの放射線に関する目安を発表。
空間放射線量が一時間当たり3・8マイクロシーベルト以上の学校について、校庭などの屋外活動を制限するとしました。目安を上回ったのは、福島のあわせて一〇の保育園と幼稚園、それに小学校、郡山の一つの小学校、それに伊達《だて》の二つの小学校。砂場の使用を控えたり、屋外での活動を一日一時間に抑えたりするということです。

なぜ、一時間当たり3・8マイクロシーベルトなのか、文部科学省などでは専門家組織の指導などを参考に、子どもが浴びてもかまわない一年間の累積を20ミリシーベルトと仮定し、一日のうち八時間屋外で活動していいとして計算し、一時間当たり3・8マイクロシーベルトになったということです。

福島県では、これまでも多くの学校が屋外での活動を自粛。体育の活動を屋内で行うなどしてきました。

こうしたなか、一三の学校が制限の目安を上回りました。放射線量の調査は毎日行い、二回続けて3・8マイクロシーベルトを下回れば、制限は解除されるということです。どのような点に注意すればよいのか。

政府の対策本部は、子どもたちが受ける放射線量をできるだけ低く抑えるための留意すべき事項を挙げています。校庭や園庭などの屋外での活動のあとには、手や顔を洗い、うがいをすること。とくに乳幼児は、砂場の利用を控えることなどの注意が必要であること。登校、登園時には、靴の泥をできるだけ落とすこと。土ぼこりや砂ぼこりが多いときには窓を閉めること、としています。

放射能の影響が、学校の屋外活動の制約というかたちで、避難区域以外の福島市などにも及ぶことになりました。育ち盛りの子どもたちを十分に外に出してあげることができない。学校や保護者の間には、困惑が広がっています。

NHKのニュースらしい報道である。「福島県内の学校施設の除染問題」は、このNHK以外でも、TBSは22時54分から「ニュース23X《クロス》」で、「文部科学省は夏まで校庭の放射線量の測定を継続するとしています」という情報を加えて、ほぼ同様の内容を報じた。NHKでは、この基準の設定を前提に、どのような注意が必要か、という点に報道の一つのポイントを設定し、さらに基準の設定によって「育ち盛りの子どもたちを十分に外に出してあげることができない。学校や保護者の間には、困惑が広がっています」と締めくくっている。だが、この基準設定に関しては、社会的に十分議論すべき課題が含まれていた。また、福島の市民の間では、「困惑」以上の「怒り」や「憤り」が渦巻いていた。

政府が発表した基準に対する福島の市民の懐疑とともに、この発表の背後にある問題の所在を広く報じたのは、OurPlanet-TV のネット動画である。この動画がネット上にアップされなければ、事態の表層をなぞるニュース報道では伝わらない事の真相を視聴者が知ることはできなかっただろう。

20ミリシーベルト問題をOurPlanet-TVはどう伝えたか

OurPlanet-TVは2001年に、マスメディアが伝えない情報をグラスルーツ（草の根）の立場から発信することを目的に立ち上げられたネットTVの草分け的な存在である。オルタナティブなメディアとしてのOurPlanet-TVの代表を務める白石草は、テレビ制作プロダクションやTOKYO MXなどを経てフリーのビデオジャーナリストとなる。

白石は、「20ミリシーベルト問題」に関心をもって取材を開始。4月21日に当初からこの問題に警鐘を鳴らしてきた福島の市民団体「福島老朽原発を考える会（フクロウの会）」のほか、FoE Japan、グリーン・アクション、美浜の会の四団体が「学校での20ミリシーベルト基準の撤回」を求めて行った、文部科学省と経済産業省原子力安全委員会との交渉を記録して、OurPlanet-TVにそのときの映像をアップしたのである。

その内容を採録しておく。会場となった参議院議員会館には、文部科学省のスポーツ・青少年局学校健康教育課の係長、原子力安全委員会事務局規制調査係の担当者など四人が出席した。交渉開始の冒頭、フクロウの会の会員が次のような基本的質問を浴びせた。

会員　今度、文部科学省は20ミリシーベルトという基準を出しましたけれども、福島県のモニタリングでは、県の学校の七六%が放射線管理区域の基準を超えている、二〇%が被曝管理が必要なところであるということです。この事実を確認されているのでしょうか。

担当係長　資料を持ってきておりませんので、学校の数は知っておりません。

このやり取りがあった後、福島から交渉に参加した佐藤幸子（主婦）は、子どもをもつ母親の気持ちを切々と訴えた。「……文部科学省がこの基準を出したあとに、教育委員会はすぐに屋外で活動してよいとしました。しかし、本当に安全なのか、学校に通わせてよいのか、不安だというお母さんがたくさんいます。家庭のなかでも、お父さんとお母さんの意見が違う、おじいさんとおばあさんの意見が違う、それで家庭崩壊にまでなっているところがあるんですよ。……そんななかでの20ミリシーベルトの基準。子どもたちを守りたいという気持ちは、どこにいたって、日本中でも世界中でも一緒です。……私たちは、子どもたちに普通の生活を戻してあげたい、その願いを遂げさせてください」。

この発言の後に質問が続いた。

会員　では、どういうところが放射線管理区域か、説明してください。

担当係長 （長い沈黙）
会員 わからないのであれば、わからないと言ってください。
担当係長 申し訳ありませんが……わかりません。
会員 労働基準法では、一八歳未満では、この放射線管理区域では働かせてはならないという規定がありますが、そのことはご存じですか。
担当係長 事前に質問を受けていなかったんで、……わかりません。
会員 そんなことも知らないで、大事な問題を決めたのか？
（会場からの多くのヤジが飛ぶ）
担当係長 私個人が知っていたかどうかではなく、省として知っていたかどうか、ということなので……。
会員 あなたは省を代表してきているんでしょう。
担当係長 その点について、私は知らない、ということでして。

この交渉の過程で言及された「放射線管理区域」とは、一時間当たり0・6マイクロシーベルトを超える場所で、不必要な放射線被曝を防ぐために、標識などを設置して、理由のない立ち入りを制限している区域のことである。白石の論考によれば（『安全キャンペーン』に抗する福島の親たち」、『世界』8月号、岩波書店、2011年)、放射線管理区域とは、「労働安全衛生法」の電離放射線障害防止規則によると、放射線量が三カ月で1・3ミリシーベルトを超える恐れがある場所とされる。三カ月間で1・3ミリシーベルトということは、年間に換算すると5・2ミリシーベルトだ。20ミリシーベルトという基準は、「『放射線管理区域』よりはるかに高い」基準となる。

会員　では、20ミリシーベルトという値が、原発の労働者が白血病を発症したときに、労災が認定される際の基準ですが、それを知っていますか。

(長い沈黙)

担当係長　先ほどの労働基準法の話とあわせまして、持ち帰りたいと思います。

若い担当者の説明は、まったく説明の体《てい》をなさないものだが、この交渉のなかで、基準を決めた過程の不透明さも浮き彫りになった。

原子力安全委員会事務局規制調査係の担当者の話によれば、基準の設定を福島県から求められた。そこで、福島県によるモニタリングと文部科学省が行った調査を示して、4月19日の14時に、原子力災害対策本部から原子力安全委員会に対して助言の要請をした。そのわずか二時間後の16時に、原子力安全委員会から20ミリシーベルトという基準に問題がないとする回答があったという。しかも、その間、安全委員会のメンバー五名が集まり正式な会合が開かれることはなく、事前の打ち合わせ等による持ち回りの「審議」で回答したとのことだった。

福島から来た参加者から怒りの声が上がったのは当然だろう。交渉の最後には、原子力安全委員会の五人の委員がどのような発言を行い、どう回答がなされたか、公開することを求めたが、議事録すら取っていない可能性があることが明らかになった。

テレビは、この4月21日の交渉をどの局も伝えなかった。

テレビによる「福島県内の学校施設の除染問題」の追跡報道

この問題は、この4月21日の交渉をきっかけに各方面に波紋を呼んだ。5月2日には、文部科学省と安全委員会委員が出席するなかで再度の交渉が行われた。その席では、文部科学省側は「年間20ミリシーベルトという基準は問題がない、この基準は安全委員会からも了解を得ている」との発言を行った。しかし、そこに同席していた原子力安全委員会委員は、「そうした了解、合意があったことはない」と断言し、両者の間に見解の相違があることが顕《あら》わになる。さらに29日には、小佐古内閣官房参与がこの問題で、「この基準にはまったく納得できない」と涙を流しながら会見を行い、辞任した。原子力資料情報室の動画を配信したIWJは、この福島の児童生徒の安全基準をめぐる問題でも取材を続け、国会議員に対するインタビュー映像も流した。

5月23日には、福島の市民とその支援者数百人による文部科学省への要請行動が行われた。そして最終的に、5月27日、文部科学省の高木義明大臣が、「年間20ミリシーベルト以下という基準をそのまま維持」しつつ、「年間1ミリシーベルト以下を目指して、学校施設の災害復旧事業の枠組みで財政支援を行う」と発表した。

この5月27日の文部科学省の発表は、NHK、TBSでそれぞれ報道されたが、この基準をめぐる問題をこれ以降、詳しく報道したのはフジテレビである。5月30日の「知りたがり！」、6月6日の「知りたがり！」で、継続的にこの問題を焦点化した。その5月30日の内容を簡潔に記しておく。

高木大臣　（5月27日会見映像）年間1ミリシーベルトを目指して、学校施設の災害復旧事業の枠組みで財政支援を行うことにいたしました。

ナレーション　先週金曜日、文部科学省は、子どもたちが受ける年間の被曝量について1ミリシーベルト以下を目指すというあらたな基準を設定しました。しかし、先月設定された年間の被曝線量20ミリシーベルトという暫定基準は残されました。この20ミリシーベルトが、大きな論争を巻き起こしてきました。そんななか、新たな目標。

……福島の地元の人たちに聞いてみると……。

住民　遅い対応だと思います。20ミリシーベルトに設定するほうが変だと思います。

住民　心配はまだまだあります。

（ここで小佐古内閣参与の辞任会見の映像が挿入）

小佐古　私はこれを受け入れることができません。

ナレーション　この数値は高すぎるとして批判して（小佐古氏の）涙の辞任。

ナレーション　さらに、福島の子どもをもつ親たちも、この基準の撤回を求めて、文部科学省の前で抗議行動を行いました。

（福島の子どもたちをモルモットにするのか！　という叫び声とともに、福島市民の抗議行動の映像が挿入）

ナレーション　そもそもなぜ20ミリシーベルトが設定されたのか、1ミリシーベルト以下という値で本当に子どもたちを守ることができるのか。

番組は、このように「先月19日に、年間の被曝線量20ミリシーベルトという暫定基準が設定されてから一ヵ月以上たってからの変更、なぜ20ミリシーベルトでいいのか、なぜ修正をしたのか」という問いかけをし、福士政広（首都大学東京教授）の解説を求めた。

福士は、ICRPが放射線防護について三つの基準を設定していること、つまり第一は「平常時におけるゼロから1ミリシーベルト」の基準、第二は「回復・復旧時における1ミリシーベルトから20ミリシーベルト」の基準、第三は「非常時における20ミリシーベルトから100ミリシーベルト」の基準値であることを述べた。さらに彼は、その上で、「この100ミリシーベルトという値より以下では、健康に影響が出るということは確認されていない」と指摘した。

すでに第五章で指摘したとおり、低線量被曝による健康への影響に関する評価は確定してはおらず、論争が続いている。とはいえ、「閾値が存在するということではなく」「100ミリシーベルト以下であっても一定の直線」に従って影響が残るというのが大勢をなしている。福士の発言はそうした科学の研究状況をふまえつつも、「100ミリシーベルトという値より以下では、健康に影響が出るということは確認されていない」との発言を行った。福士は、その上で、スタジオのゲストからの「先生、では20ミリシーベルトという値をどうお考えですか」という質問に対して、「暫定的な基準としては許容範囲であり、夏までということであれば、よい」と回答したのである。

番組は、こうした福士による解説を挿入しつつも、番組として20ミリシーベルトが許容範囲であると結論づけることはしていない。むしろ20ミリシーベルトという基準が、科学が今後とも研究を積み重ね、解答を用意すべき課題であるとはいえ、現状で健康に影響があるかどうか、科学では明確に答ええない問題であることを提起した。

20ミリシーベルト、100ミリシーベルト、という値は、科学的探究の対象であるとともに、それとは別に、健康被害をどう考えるかという問題は、科学とは別のレベルの、社会的判断あるいは社会的意思決定の問題であることを、この番組は示唆したのだ。

既存のメディアに問われていること

デジタルメディアの特性と情報の共有

いま、二つの事例を見てきた。一つは、12日、一号機が爆発した後、原子力資料情報室の会見を流したＩＷＪの試みであり、二つめは、４月に入り大きな問題となった学校施設の放射線量基準の問題を追いかけたOurPlanet-TVの実践である。

ここで私は、単純に、テレビ報道とインターネット上の情報を比較して、どちらがよい、どちらが悪い、と指摘したいわけではない。たしかに、原子力資料情報室の会見内容は既存メディアの解説より数段説得的であったと私は考える。OurPlanet-TVの実践も、学校施設の放射線量基準の問題の核心がどこにあるか、単に政府発表を表面的になぞり、基準に沿った対応を求めるニュース報道よりも、基準の数値の意味をとらえ返して、それが議論すべきことがらであることを示した数少ない貴重な映像だと考えている。しかしそれは私個人の観点からしての評価であり、それ以上のものではなく、インターネット上の情報を一方的に優れていると主張したいわけではない。

逆に、フジテレビの報道も、福島の市民の運動やOurPlanet-TVやその他の独立系のジャーナリストによる活動によって喚起された問題と、その後の世論の動きを見ながら、この問題を追跡し報道し、専門家の意見を伝えた番組として評価すべきだと考えている。さらに言えば、このフジテレビの事例は、いわば現実にテレビとネットが連動し、連携しながら、報道が行われている現実をよく示したケースともいえる。こうしたことからも、テレビとネットを単純に対立させ、両者の優劣を論ずることの不毛さが理解できるだろう。

したがって、この二つの事例から考えるべきは、安易に両者の優劣を論ずることではなく、フリーのジャーナリストやビデオジャーナリストがネットで自在に情報を発信し、多くの市民が情報を共有することができるようになった時代に、既存のメディアは本当のところ、何ができるのか、何が可能なのか、という課題である。

IWJは、実際には、東京電力、経済産業省、原子力安全委員会の会見を二四時間フォローした取り組み、保安院前の「浜岡原発を止めろ！」抗議行動を中継した活動、さらに6月11日に全国各地で同時多発的に生まれた脱原発・反原発行動を「完全ライブ中継プロジェクト」として全国九三カ所のエリアチャンネルを開設して中継した。資金も乏しいなか、こうした活動を行う多くのフリーのジャーナリストが情報を発信することで、誰もが見ようと思えば、全国で多くの市民がどのような活動をしているか、それぞれの地域で何が起こり、何が問題となっているかを見ることができる、そうした環境が一気にできつつある。OurPlanet-TVも、上記の活動にとどまらず、今回の原発事故では、テレビでは取り上げられなかった、現場で作業する原発労働者の声を取材し、映像化してネット上で流すことも行っている。既存のメディアでは伝わらない情報が、意識すれば容易に受容できる環境が整備されつつあるわけだ。

市民とメディアとの関係を変えた3・11原発事故

これまで政府会見や議員の会見を、ネットを通じて、編集を加えず流し続けることに対しては、「だだ漏れ」などと揶揄《やゆ》されることもあった。しかし、「一次情報」をありのままに流すこと自体、従来の「排他的記者クラブというカルテルの存在による編集権の独占と情報の一元化」を進め、国民の知る権利を独占してきた、既存メディアの体制を組み替える上で決定的な重要性をもつと岩上は指摘する。

その技術的可能性を大きく広げたのは、言うまでもなく、ツイッターやフェイスブックといったソーシャルメディアの一般化である。志をもつ者であれば、すぐさま現場に向かって情報を伝達できる。マスメディアの機動性よりもずっと素早い対応を、これらのメディアは可能にしたのだ。新しいメディアの登場と「個」として活動するジャーナリストが、巨大組織であることによるスケールメリットを発揮してきたマスメディア機関よりもずっと進化した、「同時性」と「速報性」を生み出しつつある。

俊敏性を高め、機動力を一層高め、場合によっては一時間、二時間と長時間にわたって当事者の主張を流して、問題の核心を掘り下げることができる、この新しい情報伝達のスタイルからの挑戦に既存のメディアは直面しているのだ。さらに、この情報回路は、市民が情報の受け手という立場にとどまることなく、彼ら自身が情報を中継し、発信することで、既存のメディアとは異なる情報の「拡散性」と「移動特性」をもたらしている。

これまでであれば、大震災や事故といった社会全体にとっての問題が起きた場合には、テレビや新聞といった媒体がプラットホームを形成し、ほとんどの人びとがこのプラットホームから伝えられる同じ情報を共有しながら思考し行動してきた。しかし、そうした時代が終焉《しゅうえん》し、一人一人が情報を選択・発信・補完してオルタナティブな情報回路を構成し、利用する時代に移行したということだろう。政府や既存のメディアが発信する情報がすべてではないことを多くの人が理解したのだ。

3・11原発事故は、結果的に、市民とメディアの関係を決定的に変えた。テレビと市民との間の関係を決定的に変える歴史的なターニングポイントとなった。

そして、今回の原発事故に関する社会の情報現象の変化に即して言えば、萌芽的なものであったとはいえ、草の根からの、専門家と一般市民といった垣根を超えた、ある種の市民の「集合知」あるいは「共同知」が生成したように考えられる。

この変化の特徴を、次章でより深く考えてみよう。その上で、この大きなメディア環境の歴史的変化の下で、既存メディアに求められている課題は何かをあらためて考察したい。

第7章

情報の「共有」という社会的価値

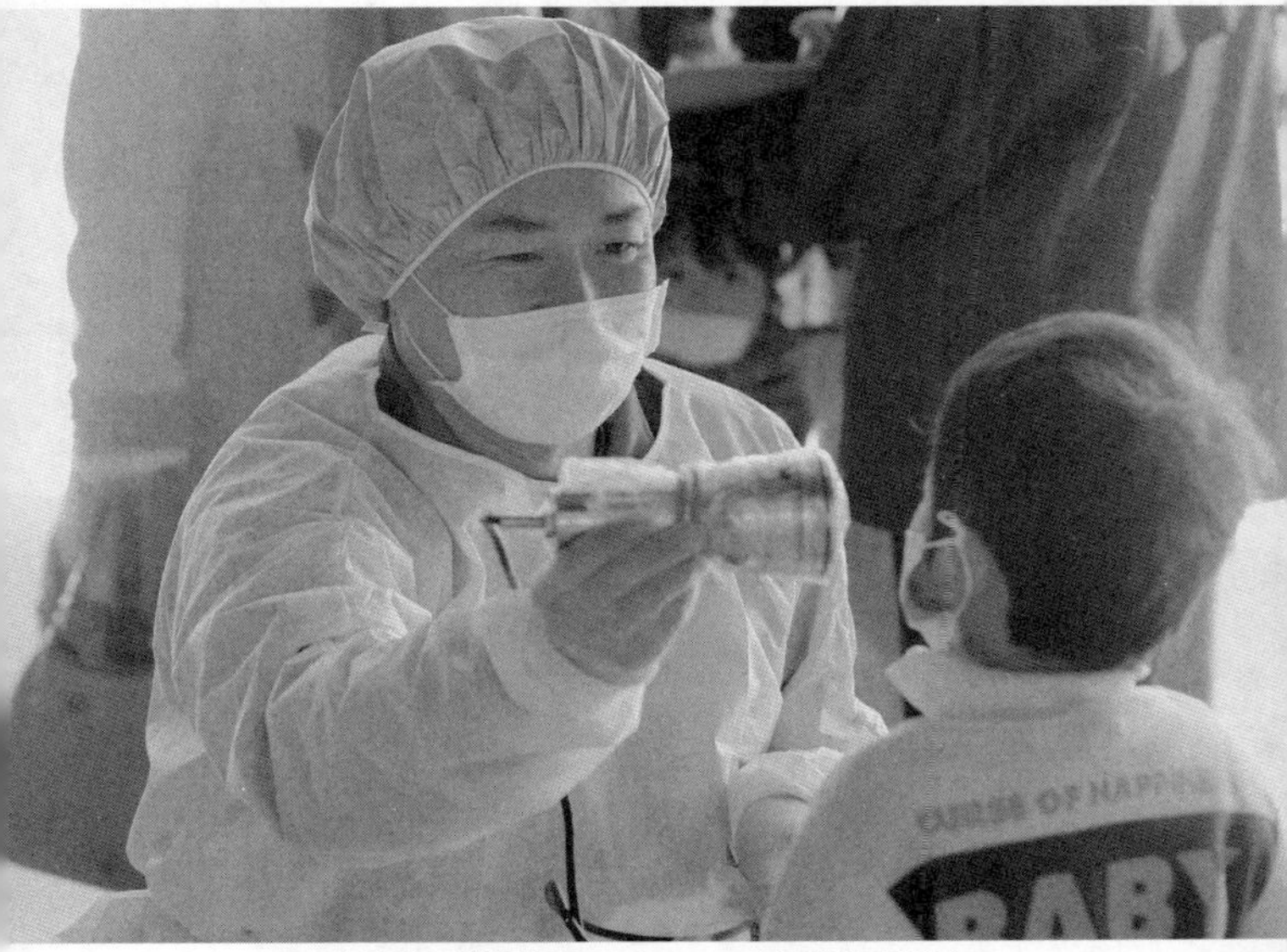

福島県の避難所でスクリーニングを受ける子ども。
何世代にも被害を及ぼす原発事故について、広範な議論が求められている
（写真＝朝日新聞社）

社会的境界を横断するネット型の情報

共同知・集合知の生成の萌芽

従来、自然災害時にもっとも頼れるメディアはテレビであり、そのテレビがプラットホームとなって、それなりに信頼できる、品質の保証された情報を提供し、多くの市民がその情報を共有することで事態に対応してきた。そうした従来の在り方が根本から変化していることを、前章の最後で強調した。社会システムの側から見れば、テレビ（や新聞）が伝えるほぼ共通した情報をほとんどの市民が受容することで、社会システムの機能と社会秩序を維持する「二〇世紀のマスメディア型社会」の、根本的変化である。

マスメディアを介して、マス＝大衆がほぼ同一の情報を共有するという構造が次第に解体し始めているとの指摘は、すでに二〇年以上も前から語られてきた。マーケティングの分野で「分衆」や「小衆」といった概念が登場したのは1985年のことである。これらの言葉が象徴するように、高視聴率番組がなくなり、価値観やライフスタイル、趣味やメディア接触、そして音楽や映像やコミックなど文化の消費の形態が多様化し、マス＝大衆として現代人をとらえることができない状況が、すでに成立していた。1995年以降のインターネットの急速な普及も、こうした変化を一層加速させたといえる。

今回の大震災と原発事故は、ライフスタイルや文化の消費にかかわる領域にとどまらず、災害や大事故といった社会の構成員全体にかかわる事態においてさえ、「マスメディアを介して、マス＝大衆がほぼ同一の情報を共有するという構造」が崩れ去ったことを示したという点で、歴史的な転換であった。

そして、この構造的変化のなかに、萌芽的なものとはいえ、従来のマスメディアがプラットホームとなった情報の生産・移動・受容の情報回路とは異なる別の社会情報の回路が生まれ、その回路を基盤にして「共同の知」あるいは「集合知」とでもいうべき新しい知の布置の関係が生まれつつある、そう期待を込めて指摘した。

集合知とは、英語の Collective Intelligence あるいは Collective Knowledge、さらには Wisdom of Crowds の訳語である。これらの概念は異なる文脈で成立し使用されてきたが、おおよそそこには二つの系譜がある。

一つは、細菌から動物、さらにはコンピュータまで、「個体」と他の複数の「個体」との間の協調・協力・競争関係から、その「個体」が帰属する集団自体に一つの精神や知性が存在するかのように見える現象を Collective Intelligence としてとらえる学問的系譜である。

いま一つの系譜は、Wisdom of Crowdsという語彙に示される。Crowdsとは、言うまでもなく、群衆を意味する。一九世紀後半、フランスの社会学者のガブリエル・タルドやギュスターヴ・ル・ボンらは、農村から大都市に移入してきた人びとが、都市の街頭でのデモや、時には政治的蜂起や暴動を起こす集団的行動に注目し、それを「群衆行動」と呼んだ。このことからも理解されるように、もともと「群衆」という概念は否定的な意味で使われてきたのである。理性的で、合理的な思考を尊重する近代の価値観からすれば、群衆は感情的で、非理性的な存在とみなされたからである。しかし、それでもある条件が整えば、個々の思考が相互に作用して協調すればある種の「叡知」を構成できる。Wisdom of Crowdsという概念にはそうした意味が込められている。

このように、集合知という考え方をめぐる二つの系譜の発想やアプローチには違いがある。けれども、個体あるいは個人を前提にして、諸個人が相互に触発し合うことで、そこに創発的特性が生まれ、個人の能力の総和以上の集団的知性が生まれる、という仮説に立つという点では共通する。

細胞からコンピュータまで「集合知」の観点から現象をとらえる知的系譜の代表的な論者ともいえるハワード・ブルームが2000年に刊行した本のタイトルは“Global Brain:

The Evolution of Mass Mind from the Big Bang to the 21st Century" であった。文字どおりに訳せば『地球規模の頭脳』となる。デジタル技術によって個々人の知性がネットワークされるなかで実現される「地球規模の頭脳」がテーマ化される。もちろん、グローバルな頭脳など、人類がこれまで絶えず思い描いてきた壮大な「夢」にすぎず、はるか彼方の未来でもけっして実現することのできない「夢」にすぎないと切り捨てることもできる。

だが、原発事故に対するネット上の情報発信と移動、そしてその情報の共有という事態には、「集合知」を彷彿《ほうふつ》させる知の形態の現代的な生成の萌芽を垣間見ることができる。

原子力工学の専門家、原子炉設計のエンジニア、放射能汚染と健康被害の研究を行ってきた医学系の研究者、気象観測の専門家、過去にチェルノブイリ事故後の調査に入ったジャーナリスト、さらにこれまで反原発運動を地道に続けてきた市民運動家、放射能汚染を心配する子どもをもつ親たちなど、日常的な活動の分野も違えば、専門も違い、立場も違う個人が、それぞれに自らが伝えたい情報を発信し、それを受け取った者がその情報に価値があると判断すれば、その情報を選択し、転送し、他の誰かに伝える。複数のさまざまな情報が無限のループを描くように折り重ねられた情報環境の成立である。この環境にコミットする者たちにとっては、さまざまな知がネットワーク状につながり、そのバーチャルなデジタル空間上に「共同の知」ないし「集合知」が成立する。

「分子的な微粒子状」の情報の流れ

複数の知がネットワーク上につながる状況を、別の角度からみれば、二〇世紀を代表するフランスの哲学者ジル・ドゥルーズが指摘した「分子的な微粒子状」の情報の流れ、「分子的」コミュニケーションの生成と考えることもできるかもしれない。ドゥルーズは、組織された集合体の内部の理路整然とした情報の流れである「モル的」コミュニケーションと対比させて、性、階級・階層、専門分野、国境といった境界領域を横断して、情報が広範囲に、しかも予測不可能な効果を生み出しながら移動する特性を、「分子的な微粒子状」の流れ、「分子的な微粒子状」のコミュニケーションと概念化した。ネット上では、原発事故をめぐって、すでに述べたように、一般市民、専門家、科学者、アクティビストといった主体が社会関係の境界を横断して情報を発信し、その情報がいたるところで行き交い、情報が補完され、情報が編集された。それはまさしく「分子的な微粒子状」の情報の流れそのものであったと言えるのではないだろうか。

情報の生産が技術的にも経済的にも制約された段階では、情報発信はマスメディアという企業体とその「専門家」集団によって担われ、そのプラットホームから伝達された情報を受容することで、オーディエンスは結果的に同じ情報を分かち持つことになる。二〇世紀のマスメディア型社会の基本構造である。しかも、新聞やテレビといったマスメディアは、国境という境界を暗黙の前提にして情報を伝達してきた。

それに対してネットは、基本的にボトムアップ型の情報の流れを構成し、社会的境界を横断し、国境すらやすやすと越境していく特性をもっている。その横断性が、異質な個人同士の接触、異質な意見や主張の相互接触を生み出すことで「集合知」が生成する基盤を構成していく。それは、従来の、トップダウン型の情報流通によって結果的に同じ情報を分かち持つようなマスメディア型社会の知の配置とは、まったくその様相を異にする。

「情報の価値」は「所有」か「共有」か

「所有」原理に規定されるマスメディア型の情報

さらに、マスメディア型とネット型との間の情報の社会的移動をめぐる特性の相違とは別に、もう一つの違いが、今回の原発事故をめぐって顕わになったことを指摘しておくべきだろう。つまり、マスメディア型の「情報の価値」とネット型の「情報の価値」の考え方が大きく異なっているということだ。

情報の生産に際してその送り手側は、もちろん、誰かに情報を伝えたいという欲求や、あるいは伝えねばならないという社会的要請や社会的必要性に基づいて、情報を生産し伝達する。しかし、マスメディア型の情報において、多くの場合、「情報の価値」は「所有」という原理に左右される。自己が、他者を排しても情報を独占し所有することが、「商品」としての「情報の価値」を高めるという基本的な原理である。その原理の下に、情報は序列化される。そしてどの情報を発信するかが決定される。情報の生産も基本的に資本の論理に従っている。

たとえば、日本テレビ（の系列局の福島中央テレビ）が撮影した福島第一原発一号機の爆発の映像は、他の局では一切放送されなかった。「情報の価値」は「所有」にあるとする原則により、他局がその映像を使用することを認めなかった。「著作権」の考え方に従うかぎり、それは正当な判断である。しかし、その映像は、日本テレビが独占すべきものだったのだろうか。むしろ、誰でもが見ることができる公共財ではなかったか。

また、「所有」という「情報の価値」は、多くの場合、視聴率という数値によって測られ、その数値によって、いかなる情報を発信するか、どのような形式で発信するか、が左右される。政治的な論争点を説明するより政治家の失言をセンセーショナルに伝えることのほうが視聴率を上げる有効な手段となり、経済的にも有利であるとすれば、テレビ局の報道は後者に傾きやすい。

繰り返し指摘しておこう。情報の生産と伝達という行為は、「伝えたいこと」「伝えねばならないこと」を伝えるという根本的原則と、「情報の価値」を「所有」に定位する原理との間の微妙なバランスシートの上で実現される。そして、マスメディア型の情報は多くの場合、「情報の価値」を「所有」に定位する原理に強く規定される。誰もがそのことを自明のこととらえてきた。

「共有」することに価値をおくネット型の情報

しかし、福島第一原発事故に関するネット上の情報生産は、これまでの常識を覆すものだ。これとはまったく異なる原理や理念に基づいていたからである。つまり、「情報の価値」を「所有」におくのではなく、多くの人が情報を「共有する」こと、情報を「分かち持つ」こと自体に「情報の価値」をおいていたということだ。

ＩＷＪの実践やOurPlanet-TVの活動、さまざまな分野の科学者の意見、海外のさまざまな専門家からのアドバイス、ジャーナリストの主張、市民からの現状報告や主張は、その目的を、情報を「商品」として生産する点においていたわけではない。多くの人に知らせ、多くの人と情報を分かち持ち、共有すること、そのこと自身に価値を見出すなかで、情報の生産・移動・受容・補完が行われたのである。

「情報の価値」は「所有」にではなく、「共有」にこそ存在する。そして、「共有」に「情報の価値」をおいたネット上の情報が、既存のメディアを圧倒するような存在感を示したのである。逆に、今回の原発事故報道をめぐる情報をみれば、多くの場合、マスメディアが発信した情報が「共有」されるべき価値のある情報である、とみなされることはほとんどなかった。

このようにみてくると、テレビとネット、マスメディア型とネット型、「モル的」コミュニケーションと「分子的」コミュニケーション、という対立軸は、それが歴史的に依存してきたテクノロジーの相違や、巨大組織を基盤にした活動と小集団あるいは個人を基盤にした活動、といった違いとは位相を異にする、もう一つの対抗軸を伴っていることがわかる。それは、「情報の価値」をどこにおくのか、というもっとも根本的な差異である。

市民の価値意識の変化から挑戦を受けるマスメディア

もちろん、上記の対立軸を固定的に考えるべきではない。上記したように、「マスメディアが発信した情報が『共有』されるべき価値のある情報である、とみなされることはほとんどなかった」とはいえ、その情報のなかにも「情報の価値」を「共有」において制作された番組は数多くあり、それが口コミやネットを介して評判となり、ネットの動画配信で繰り返し視聴され、「分かち合うべきもの」として多くの人びとに「共有」される現象がみられたことからも、それは十分理解される。

たとえば、冒頭で引用した『原発事故を問う――チェルノブイリから、もんじゅへ』の著者の七沢潔が大森淳郎と共同で制作したNHKのETV特集「原発災害の地にて〜対談・玄侑宗久VS吉岡忍」（4月3日放送）が、放射能汚染の実態を報じようとせず、企画を通さなかったNHKの上層部からの圧力をはね返すなかで放送されるや、この番組が世論の支持を集めることで、その後の、衝撃的な汚染の実態を調査報道のかたちで抉《えぐ》り出した「ネットワークでつくる放射能汚染地図」の放送につながり、この二つの番組が、ネットの動画サイトにアップされ、多くの人びとの共感と支持を集めて、その輪が一層広がり再放送されたという事実を挙げることもできる。「情報の共有」という点で、テレビとネットが相互にコラボレートした典型的な事例といえる。

マスメディアは、単にデジタル技術から挑戦を受けているわけではない。デジタル技術なしには考えられないが、「情報の価値」を「所有」ではなく、「共有」におくことを積極的に求め、自らそれを実践する市民の価値意識の変化からの挑戦を受けている、そのように考えるべきだろう。

現代社会の変化の根底に、資本の論理を極端なかたちで進めたネオリベラリズム政策が行き着いた経済的・社会的格差と分断、貧困からの脱却を展望するとき、そのカギとなるのは「COMMON＝共有」にあることを主張しているのはイタリアの思想家であり社会運動家のアントニオ・ネグリである。現代の資本主義が、ポストフォーディズムといわれる知識産業や情報産業そしてサーヴィス産業へと転化し、アイデア、コミュニケーション、さらには気配りや表情といった感情表現すら、高利潤を生み出す重要な資源として資本の論理に組み込まれていく状況のなかで、自己のアイデアや感情を、そして他者とのコミュニケーションを、文字どおり「他者と分かち合う」共同の営みとして実践し、「COMMON＝共同」を実現する、その先に「来たるべき社会」の基本原理を彼は展望する。

こうしたネグリの展望はけっして荒唐無稽《こうとうむけい》なものではない。情報をめぐる「所有」から「共有」への基本原理、理念の変化は、実際にいたるところで見られたのではないだろうか。チュニジアで、エジプトで、リビアで、そして日本でも……。

「討議空間」形成に向けての課題

情報格差

専門家や一般市民、そしてアクティビストなどさまざまな立場の者同士が、その垣根を越えて情報を発信し、共有できる環境が構成されたなかで、既存のメディアが造形してきたプラットホームを経由することなく、ボトムアップによるある種の「集合知」を形成する可能性が成立した。それが、原発事故をめぐるネット上の情報の流れを観察することから見えてくる、社会的な情報現象の重要な一側面であることを、前節では、一つの仮説、一つの見通しとして提起した。

しかし、この仮説が一定の妥当性をもつとしても、それはいまだ可能性のレベルに、いまだ萌芽の段階にとどまっている。また同時に、デジタルネットワーク上の「集合知」という知の布置関係のあらたな生成には別の問題も内包されている。以下では、その点にかかわるいくつかの課題を考察しておこう。

第一は、「集合知」や「共同の知」の形成の障害となるさまざまな社会条件が存在し、原発事故をめぐって一瞬垣間見えた「集合知」や「共同の知」の生成など、むしろ困難と思える現実が一方で存在するという点だろう。

これまで、一定のメディアリテラシーがあれば、既存のマスメディアよりも有益な情報をインターネットがもたらしてくれる状況が成立したと述べたが、それはあくまで、一定のメディアリテラシーがあれば、という条件を付しておいた。なぜなら、現実には、インターネットのなかの有益な情報を検索し、立体的に情報を編集できる社会層と、新聞やテレビなどからの情報を主な情報源とする社会層とに分化する傾向がみられるからである。文化資本、階層、年齢層など社会的な規定因の違いがメディア接触の行動の相違を生み出している可能性が高い。実際に、高い放射線量が測定されたホットスポットの地域では、この問題に敏感で、ネットを通じてさまざまな情報にアクセスし、収集した情報を仲間と共有して行動している市民と、そうではない層とに分化し、さまざまなコンフリクト（対立）が生じているという。

今日、あらためて大きな社会学的問題として浮上している「情報格差」を視野の外において、「集合知」の可能性を論ずることはできないということだ。

集団分極化

第二は、「集合知」という知のネットワークの特性にかかわる問題である。今回の原発事故をめぐるネット上の議論には、デジタルネットワーク上のコミュニケーションの特徴の一つである「集団分極化」といわれる現象がみられたとの指摘がある。田中幹人（早稲田大学准教授）は「ネット上の議論を分析する限り、……一方には「政府や『御用学者』、そしてそれを伝えるマスメディアは嘘をついている」とする立場があり、また他方に「そうした見方は必要以上に不安を煽っている」として、マスメディアの情報を受容しつつ議論しようとする立場がある」として、「集団分極化」が生まれたと指摘する（「科学技術情報のあり方」、『早稲田学報』第1188号、早稲田大学校友会、2011年）。つまり、今回の事態は、政府発表を無批判的に流し続けたと視聴者に認識されたマスメディアに対して、それに代わるオルタナティブな情報がネット上に流れたわけだが、それは「集団的分極化」の観点からみれば、特定の社会層においてのみ成立した複数の「共同の知」「集合知」のなかの一つであったともいえる。

当然のことながら、社会的議論を行い、社会的な意思決定を行う際には、それぞれに異なる異質な意見を聞き、専門家の意見も、市民の意見も、行政側の主張にも耳を傾け、判断を保留して熟慮するような、場と機構が不可欠となる。その意味では、「島宇宙」のように点在し、時には対立する複数の「集合知」が存在する今日のメディア環境の下で、異なる主張をもつ者たちの討議空間としての「公共性」と「集合知」との関係があらためて議論されねばならないということだろう。

情動の増幅

第三は、情報の伝達様式と深くかかわる問題である。

前章で触れたが、原子力資料情報室の会見映像は、映像表現とすれば、けっして見やすいものではなく、音声や画像の質も、テレビと比較すれば明らかに劣っていた。しかしそれは、会見映像に対するネガティブな評価とは必ずしも結びつかない。むしろ、照明も暗いなかで行われ、画像はよくはないけれども、それがかえって語られた内容とともに、ある種の切迫した事態のリアリティを伝えるものとして受け止められた可能性がある。プライベートな営み、プライベートな空間から発した情報が、プライベートな「私」の内部にダイレクトに届く感覚から生まれるリアリティの感覚である。あるいは、「福島県内の学校施設の除染問題」をめぐる映像も、官僚や役人に向かって市民から発せられたヤジや怒号、市民の鋭い質問の矢が浴びせかけられるシーンなど、テレビではめったに映し出されない映像が、市民団体というプライベートな活動からプライベートな「私」の内部にダイレクトに届くリアリティの感覚を創り出していた可能性がある。

それは、テレビが「現場」からのライブ中継を行う場合でも、記者が無機質なレポートを行い、明るいスタジオに切り替わり、スタジオのアナウンサーの解説へと映像を編集する報道スタイルからは伝わらない、ネット動画特有のメディア特性が生み出すリアリティ(=そこに現実があるという)である。あるいは、今回の大震災や原発報道でも見られた、豪華なセットのスタジオで、地震や津波や原発の専門家ではない政治評論家や国際弁護士や芸能人が自説を開陳するテレビメディア特有のステレオタイプ化した報道の演出スタイルからは、到底伝わらない臨場感と緊迫感がネット動画には感じられる。

言い換えれば、ネット空間では、従来の情報伝達よりも、その場の雰囲気や映し出された人物の感情や熱意や信念がダイレクトに伝わり、それを受け取る者にも情動や感情を喚起するような、情報が増幅されやすいということだ。それは、過剰な演出や出来事の物語化を通して、視聴者に感情や情動を喚起するテレビ的手法とは異なっている。断片的な情報だからこそ、訴求力が強く、プライベートなかたちで次々と伝播《でんぱ》するからこそ、瞬時に情動が喚起されるような、ネットに特有の情報様式である。したがって、それは一方で、風評やデマとして現れる場合もあれば、他方ではフェイスブック革命といわれる「2011年アラブの春」にみられたように、匿名の、個人が発信する短いメッセージが一瞬のうちに多くの市民の心に炎を点火させ、そのメッセージとともに情動や感情が次々と伝播して集合的行動が巻き起こり、多数の市民が参加する民主革命として現れることもある。ネットの情報は、「集合知」のあらたな成立の基盤となる可能性がある。だがその一方で、ネット特有のメディア特性によって、既存のメディアの表現様式や伝達様式の限界を突きつけるとともに、ネット情報だからこそ生まれる「負」と「正」が相互反転する特異な特性をも帯びているのだ。

整理しておこう。原発事故をめぐる情報の流れにおいて、ネットが存在感を示した背景とその効果には、さまざまな側面がある。第一に、フリーのジャーナリストによる機敏な取材によって、既存メディアが伝える情報の「質」の相対化が進んだ。第二に、既存メディアの「編集」された情報と比較して、「現場」から「第一次情報」をそのまま伝えるネット上の情報が、既存メディアのステレオタイプ化した表現様式を相対化させた。第三に、従来のマスメディアが選択した情報を多くの市民が消費する形式ではなく、立場の異なる多様な市民の声がネット上にアップされネットワーク化される技術的な条件が準備されることで、ボトムアップ型の「集合的知」が成立する基盤が生まれた。それは、マスメディアの情報総体を外部からとらえ直す視点を創り出し、既存メディアの情報を相対化する重要な契機となりつつある、ということだ。

こうしたなか、既存のマスメディアは、この歴史的転換にどう向き合うのだろうか。

熟慮民主主義のためにテレビができることは何か

「9・11」から一年が経過した2002年、NHKは、同時多発テロが起きた際のアメリカの報道を検証する特集番組「世界のメディアは〝新しい戦争〟をどう伝えたか」を制作・放送した。優れた作品だと思う。この番組では、同時多発テロからアメリカがアフガニスタン侵攻を決定するまでの期間、アメリカのメディアが「テロ行為がアメリカへの攻撃であると感情的に反応」して、ブッシュ大統領の決定に追従してしまい、政府の政策決定に対する批判的な検証を行えなかったことが具体的に描写された。政府の政策決定の過程で、どのような議論があり、どのようなデータに基づいて議論されたか、それに対していかなる反論があったのか。そうしたことが何一つ検証されないまま、ブッシュ政権をメディアが積極的に支持する論調を展開し、政府の決定が国民の強い支持のもとで実行されたのである。番組のなかで当時の大統領補佐官は、「政府はこのとき自由に政策を決定できた。それは、メディアの協力があったからだ」と述べたが、この発言は当時のメディアと政府の関係を明瞭に物語るものだった。

NHKはこの番組を通じて、こうした危機的な状況においてこそ、政府の政策決定や対応を批判的に検証する取材がなにより報道機関に求められていることを訴えたはずだった。

しかし、この自己検証番組の教訓を、日本のテレビは生かしえたのだろうか。

取材力の決定的な欠如

テレビ各局は、原発事故という未曾有《みぞう》の非常事態に対して、それに見合う取材態勢で臨んだはずだ。しかし、経済産業省や文部科学省など政府機関の取材を通して、避難区域の設定の基準の根拠は何か、政府の内部でどのような議論がなされたか、が伝えられることはなかった。住民の避難に向けた政府の対応と各自治体との連携の状況など具体的な情報を伝えることで、官房長官の会見や政府発表の内容を相対化して、別の角度から批判的に検証する作業は不十分であった。

30キロ圏内の取材自主規制という制約の下で、避難住民や屋内退避地域の住民が経験した、食糧や医療品や燃料などの途絶といった混乱や困難もほとんど報道されなかった。すでに述べたように、情報の大部分は原子力発電所の破損状況に関する専門家の解説で占められ、避難民の姿はわずかな時間しか報じられなかった。

また、高濃度の汚染地域が「ホットスポット」として存在していることを報道しなかっただけでなく、15日に福島に入り放射能の濃度測定を行った七沢が語るように、「土壌の核種分析などを使えば、東京電力や政府が隠す『炉心溶融』はもっと早く喝破《かつぱ》できた」はずである。だが、科学者と連携した積極的な取材も一部の例を除いては、まったく行われなかった。繰り返し指摘することになるが、「ただちに健康に影響はない」との政府発表を流しながら、他方で自社の社員には「危ないから入るな」と指示する自己矛盾のなかで、テレビは放送し続けたのである。

後日、文部科学省によるSPEEDIのシミュレーション結果の公表の遅れが問題として取り上げられたが、原発事故発生から一週間の期間でみても、テレビがSPEEDIに言及したのは、すでに述べたが、テレビ朝日で3月14日の11時52分、解説者の斉藤正樹（東京工業大学教授）が「放射性物質の拡散モデルを使ったシミュレーション」と述べた発言のみであった。これ以外、NHKの科学文化部の記者・解説者を含めて、テレビ局側の記者の誰一人SPEEDIの存在に言及した者はいなかった。

関係者に対する取材では、記者から文部科学省に対してSPEEDIの結果を公表するように働きかけたが、同省から「不確実な情報であるため、公表しない」との対応があったようだ。そうであれば、この取材結果を公表すべきであり、それを通じて、公開を強く求めることをすべきであった。もし同省への取材すら行っていなかったとすれば、テレビの「不作為の責任」も問われる。SPEEDIの結果の公開の遅れは、政府・文部科学省の責任とともに、メディア側にも責任があったと考えるべきだろう。

関係各機関への取材、避難住民への取材、そのどちらも不十分であったというのが、テレビ報道内容を分析することから見えてくる問題として指摘できる。放射能汚染問題が顕在化した4月に起きた「福島県内の学校施設の除染問題」は、テレビ局の取材の「浅さ」を鮮明に示す事態であった。単に政府発表をなぞる報道は、報道する側がもつべき問題関心の欠如、政府発表に対する批判的検証能力、鋭い嗅覚《きゆうかく》といったものの欠如を示している。

ニュースを通じて当該の問題の核心を伝え、その活動を通じて社会的な認識力を送り手側も情報の受け手の側も高めていくためには、問題の係争点に迫らなければなるまい。もっとも問題が先鋭化し、対立点が明瞭に浮かび上がる地点での取材である。しかし、テレビは、その肝心な係争点に立ち入らない。取材力の決定的な欠如である。

科学コミュニケーションの失敗

今回の事態で、とりわけ今後の課題とすべきは、科学者とテレビ局との関係である。言い換えれば、メディアを通じた科学コミュニケーションの在り方にかかわる問題である。まず、科学者、専門家にかかわる三つの問題を指摘しておこう。

社会生活のあらゆる分野で科学技術が深くかかわり、さまざまなテクノロジーの関与なしに社会生活を営むことができない現代社会は、ドイツの社会学者ベックが述べたように、技術に欠陥が生じて重大な事故が起きた場合には、甚大な被害と混乱を引き起こしかねないリスク社会でもある。そのため、科学技術の開発に携わる、科学者、科学技術の専門家の社会的責任はきわめて大きいと言わねばならない。さらに事故が起きた場合には、リスク管理と事態への迅速な対応に向けて、科学者が果たす役割が格段に大きいことは言うまでもない。今回の原発事故の対応、そして市民に対する事態の説明という点で、科学者や専門家はその任を十分に果たしたのだろうか。その全体的な評価は科学者共同体の評価にゆだねるとしても、いくつかの基本的な問題を指摘できる。

通常、科学は厳密な反証可能に基づいている。データを積み上げ、解析し、妥当と考えられる理論や仮説を構成する。異なるデータが得られた場合でも、そのデータの信頼性がどれほどのものか、長い年月をかけて他のデータも加えながら検証作業を行う。つまり、これまでとは異なるデータが得られたとしても、ただちに理論や仮説が変更されるわけではなく、反証可能なデータの積み上げと信憑性《しんぴょうせい》の確保という長期にわたる検証作業を経た上で、はじめて理論の革新がなされる。その意味で科学は、基本的に「保守的」な性格をもたざるをえない。さらに加えて、あるデータが得られた場合に、既存の理論や仮説に従って、現在の状態や先の見通しを判断する際にも、因果的に、一義的に状態を確定できる場合は少なく、つねにある一定の幅をもって判断せざるをえない場合が多い。したがって、「このデータからすれば、今後このようになる可能性は二〇%だ」といったかたちでの発言にならざるをえない。自然現象の解明でも、経済成長率や人口動態などの社会現象も、その点ではまったく変わらない。

しかし、今回の原発事故の際に多用された科学者による「可能性」の言説は、いま述べた意味での「可能性」という言葉の使用法とは異なっていた。すでに第四章で言及したが、「可能性」という言説には二通りの使い方がある。一つは、「事態が『炉心溶融』になっている可能性がきわめて低いと判断されるけれども、その可能性はゼロではなく、一〇%程度だ」という意味で「可能性」を語る場合である。

それに対して、「事態が『炉心溶融』になっている可能性がきわめて高いと判断される場合でも、実際に炉心を開けてみなければ本当のことはわからないのだから、『炉心溶融』は起こりうる（あるいは現に起きている）事態の一つの可能性にすぎない」という意味で、「可能性」を語る場合である。どちらが科学者としての職業倫理に照らして正しいかは明らかだろう。原発事故を解説する専門家の一部の発言は、まさに後者の意味で行われていた。科学者としてまことに不適切な発言だろう。この種の発言は、事態を直視することを妨げるものだからである。原発事故の解説をめぐる第一の問題点はこの点にある。

しかし、問題はこの点にとどまらない。もし科学者が、「事態が『炉心溶融』になっている可能性がきわめて低いと判断されるけれども、その可能性はゼロではなく、一〇％程度だ」という意味で「可能性」を語り、「『炉心溶融』の可能性は本当に低い」と信じて語ったとしたら、この発言に問題はなかったと判断すべきなのだろうか。実際に、一号機、三号機とも炉心溶融が起きていた。その点で、この発言は事後的には事態を見誤ったと指摘されるが、十分なデータが与えられていない状況の下で、科学者として「『炉心溶融』の可能性は本当に低い」と判断したことはその時点では合理的だった、としてよいのだろうか。私はそのようには言えないと思う。「『炉心溶融』の可能性は本当に低い」としても、最悪の事態に至る可能性がゼロではなく、ある確率をもって生起することが予期できるならば、その最悪の事態を想定して「何が起きるか」という点に言及し、放射性物質の飛散から住民を最大限守るために取りうる選択肢は何か、積極的な発言を行うべきだったからである。しかし、そうした発言もなかった。原発事故の解説をめぐる第二の問題点である。

社会的意思決定の問題として対応すべきケース

第三の問題は、第四章で示したように、一部の科学者が自身の専門外の問題に対して安易に答えてしまう、という問題がみられたことである。原子炉工学が専門の科学者が「偏西風が吹いているから、放射能の飛散についてはそれほど問題にはならない」といった発言を行ったことは、科学者による科学コミュニケーションの失敗の典型的な事例といえる。今回の原発事故は、複合的で、広範囲な、多岐にわたる影響を及ぼすことが予測された。その影響を評価し、対応を進めるためには、原子炉工学、気象学、放射線医学、海洋生物学、土壌や農林に関する農学など、さまざまな分野の高度な知識が求められていたのであり、一人の研究者が専門家として語りつくすことなど不可能だったはずである。言い換えれば、一人の研究者が専門家として語りうることなど、ごく一部にすぎない。

だが、社会やメディア側からの要請に応えるかたちで、自身の専門外のことがらにまで解説を加えてしまうケースがみられた。メディアを通じた科学コミュニケーションの未成熟が顕わになったといえる。

こうした問題の責任は、科学者や専門家にのみ帰すことはできない。テレビ側にも大きな問題があったと言わざるをえない。

いま述べたように、科学者は科学的に語ろうとすればするほど、因果的に確定的なことは語れず「可能性」のレベルで語るしかない。個々の科学技術分野の専門家が語りうるのは、科学的根拠に基づく「起こりうる事態に関する可能性」の判断と、「取りうる選択肢の幅」と、「ある選択をした際のリスク」にすぎない。

しかし、テレビは、科学の性格や科学者の発言の限界、さらに言えば巨大な科学技術が抱える政治性や政治的文脈を十分理解せずに、強引に自己解釈して「安全なんですね」と結論づけてしまうケースがみられた。テレビ側の第一の問題である。

第二のもっとも重要な問題は、科学的根拠に基づく「起こりうる事態に関する可能性」の判断と、「取りうる選択肢の幅」と、「ある選択をした際のリスク」を科学者が語りうるとしても、その先の「では、実際に、どの選択肢を採用するか」という問題は科学を超えた「社会的な意思決定」の問題であるという点を、テレビが十分に自覚していたとはいえないということだ。

その問題が鮮明なかたちで現れたのが、「福島県内の学校施設の除染問題」である。低線量被曝の影響については、科学者の間でもその評価が分かれていることは、すでに述べたとおりである。この問題に即して言えば、小佐古敏荘（東京大学教授）は「20ミリシーベルトはあまりに高い基準である」として内閣官房参与を辞任した。一方、フジテレビで解説を行った福士政広（首都大学東京教授）は、「暫定的な基準としては許容範囲である」との認識を示した。両者の見解は対立し、現時点で科学は、この問題に十分に答えることができないことが示された。

科学によって問うことはできるが、科学によって答えることはできない、トランスサイエンスの問題の典型的な事例である。

具体的に言えば、年間20ミリシーベルトを基準とするのか、より健康被害の恐れを回避するために基準を下げるのか。こうしたトランスサイエンスの問題は、科学によって答えることはできず、「社会的な意思決定」の問題として対応せざるをえない。そして、「社会的な意思決定」の問題であるかぎり、そこに生ずるさまざまな意見や主張が交わされ、係争点が顕わになる空間にメディアがふみ込み、論点を明確に伝える必要がある。場合によっては、係争点が浮き彫りになる空間自体を、メディアが創り出すことも求められる。これらいずれの点でも、既存のメディアは十分な機能を発揮しなかった。

原発を推進した産官学とメディアの人的関係

最後に、いま一つの問題に言及しておく必要があろう。一貫して原子力発電所の危険性について警鐘を鳴らしてきた原子力資料情報室の伴英幸や西尾漠、さらに、テレビ朝日に電話取材を受けた小出裕章（京都大学原子炉実験所助教）など、一部の解説者を除いて、なぜ原発行政に関連の深い専門家や科学者、一般に「御用学者」といわれた人たちに解説を任せたのかとの批判がある。この批判や疑問に対して、テレビはどう答えるのだろうか。

関係者によれば、原発の危険性を強く主張していた高木仁三郎が亡くなった後、原発の危険性を訴える専門家や学者とメディア関係者との接触がなくなり、こうした緊急の事態に対応するには、今回テレビに登場した専門家や学者に依頼するしかなかったという話がある。原発行政に関連の深い専門家や科学者との関係が緊密になった背景には、彼らが原発行政に深くかかわり、原発の現状については熟知しており、さまざまなデータを入手しやすいという理由があったようだ。

産官学ではなく、メディアを加えた産官学報の四極が原発行政を推し進めた「原子力ムラ」の主体だ、と述べる小出らの批判は、単に東電や電力関係企業からの広告費の提供などの経済的関係だけを指しているわけではない。むしろ、こうした産官学の人的ネットワークとメディア関係者、具体的には記者や解説者、そして上層部が深く結びつくことで、彼らの利害関係に縛られ、地震対策や津波対策などの不十分さが一部の専門家から指摘されていたにもかかわらず、そうした情報を伝えなかったことに基づいている。テレビ局の記者や関係者が、あまりに原発の危険性に対して鈍感で不勉強だったこと、さらにテレビ局自身が原発の危険性を指摘する人たちを「反原発」とラベリングして自ら遠ざけていたことを、あらためて自己検証すべきだろう。

トランスサイエンスの問題と社会的意思決定の議論の場

報道機関は、これまで、「確実な情報」を、「正確」に伝えることを社会的使命としてきた。疑いようのない、普遍の真理であるかのように、その原則に徹してきた。今回の原発事故報道に際して多くの関係者が語るのも、この原則である。「曖昧《あいまい》さを出さない」そして「不安を煽らない」ことに徹したという。

「確実な情報」と「政府の発表」を同一視したこと、「曖昧さを出さない」ために「政府の発表」にその多くを依拠したことは、今回の報道におけるもっとも深刻な問題として指摘されるべきだが、さらに問われるべき点がある。

「確実な情報」を、「正確」に伝える、という社会的使命は、突きつめて言えば、「確実な情報」は「われわれ送り手」が掌握しているのであり、それを「知らないあなたたち」に伝え（てや）るという「啓蒙主義的」な伝達観と表裏一体をなしているともいえる。「知らないあなたたち」に教える、伝える、という情報観である。それは、「正確な情報」を伝えれば、「あなたたち」は「過剰な不安」をいだき、「パニックに陥る」かもしれないから、「事態の深刻さをオブラートに包んで、『安心』『安全』であることを伝えることも必要だ」という愚民思想にもつながりかねない。それは、情報の価値を「共有」に求める思想と実践とは正反対のものだ。

しかし、原発事故をめぐって生成した情報環境は、実際には、「知らないあなたたち」がマスメディアの送り手よりもはるかに事態の危険性を認識することが可能な状況を創り出した。

さらに問われたのは、リスク社会といわれる現代社会において、過酷事故が生じた場合に、そもそも「確実な情報」など存在するのか、ということだ。科学によって問うことはできるが、科学によって答えることはできないトランスサイエンスの問題が生じた際には、従来の「シングルボイス」の考え方では対応しきれない。不確定であるが故に、異なる視点に立つ複数の情報が発信され、その複数の情報をめぐって評価が行われ、さまざまな判断と選択肢が考慮される討議空間を、さまざまな社会的主体が参加するなかで創り上げていくことがもっとも重要となる。メディア環境が変化し、リスク化した社会のなかで、既存のメディアはこれまでの報道観を根底からとらえ直すことを求められているのではないか。「集合知」や「共同の知」の可能性が生まれているとはいえ、それが「集団的分極化」の危険性をつねに孕んでいるとするならば、既存のメディアが果たすべき役割やチャレンジすべき課題はまだまだ残されているように思う。その一つは、この討議や論議の空間を意識的に造形することであり、そしてなによりも市民の討議に資する情報、多くの市民が「共有」したいと思う情報を、発信することだろう。

テレビに何ができるか、そのための議論を継続して行っていくために、もう一つの問題を提起しておきたい。

本書の冒頭で、七沢の『原発事故を問う——チェルノブイリから、もんじゅへ』を引用した。原発事故といった非常事態時の報道を考える場合、科学技術が引き起こした事故の実相を伝えることが、政治的あるいは経済的な思惑と深く絡まり合った「権力」との関係を本質的に孕むことを示しておきたかったからである。今回の原発事故をめぐっても、政府が「住民、市民への過剰な不安を与えない」「パニックを引き起こさない」との名目で「事態がそれほど深刻なものではない」かのように情報のコントロールを行っていたことは明らかである。そしてメディアは、意識的か、あるいは無意識的か、そのどちらであるにしろ、「楽観的」な言説、「可能性」言説、「安全」「安心」言説を編制することで、そうした政府の意向に沿った報道を続けたことを、本書は明らかにしたのである。

しかし、原発事故以降、ジャーナリスト教育を実践する者のなかから、正確な情報伝達と、不安を煽ることのない「安全」「安心」情報をバランスよく報道することが、ジャーナリストにとって重要だとする議論が提起され始めている。もちろん、不安を過剰に、意図的に煽るべきではないことは言うまでもない。しかし、「権力」との関係を問うことなく、「正確性」と「安心」「安全」を単純に並置する議論も、きわめて不見識な議論だろう。

問われるべきは、メディアが本当に、市民の生命と健康と財産を守ったのか、ということにつきる。原発事故報道をめぐって、日本のテレビがそれに応えたのかどうか、その判断は本書の読者一人一人の判断にゆだねよう。

熟慮民主主義が一つの重要な政治的プログラムとして提起されるなか、テレビに何ができるか、そのための議論を巻き起こすことが、「3・11後の社会」に求められている。

おわりに

本書は、日本のメディア史においてもっとも重大な歴史的な事件として長く記憶されることになるであろう「3・11東日本大震災・福島第一原発事故」の、福島第一原発事故のテレビ報道に限定して、しかも初期の七日間に限定して、ドキュメントとして記録し、検証を加えた。

今後、テレビ、新聞、そしてこれらのメディアが報じた情報を補完する重要な情報を提供した週刊誌などの雑誌、さらにネット上の情報やローカル局の報道を含め、さまざまなかたちで検証が行われることを期待したい。海外のメディアがこの問題をどう報じたか、国内メディアとの比較も今後重要なテーマとして研究されるべきことがらだろう。

さらに、原発事故に限定することなく、地震・津波の被害と被災者の状況を伝えた報道内容に対しても精緻《せいち》な検証作業が必要だろう。

「3・11東日本大震災・福島第一原発事故」は、地震、津波、防災にかかわる科学や、原子炉工学などの原子力科学全体にとどまらず、医学、福祉学、建築学、社会学、経済学、法学、農学、生物学など、あらゆる学術全体に対して自己検証を行うこと、そして今後の復旧・復興に向けてそれぞれの学問的成果を生かしていくことを求めている。

メディアの研究領域、社会情報学の分野もその例外ではなく、テレビ局や新聞社や通信社、インターネット関連会社もその例外ではありえない。メディア研究者も、そしてテレビ局や新聞各社も、今回の事態をしっかりと自己検証することが求められている。

最後に、政府事故調査委員会の「中間報告」に記されている、住民の被曝の状況を掲げておこう。２０１１年10月末までに、福島県の人口の一〇％を超える二〇万人以上がスクリーニングを受け、

被曝線量	10万ｃｐｍ以上	一〇二人
	１万３０００ｃｐｍ以上～１０万ｃｐｍ未満	九〇一人
	１万３０００ｃｐｍ未満	二三万一八三八人

であったという。被曝もしくは被曝の可能性が疑われる人々がこれだけいるのだ。

この〈現実〉を直視した報道を、テレビメディアは行ったのか。そして今後、テレビメディアはこの〈現実〉にいかに向き合っていくのか。

あとがき

私はジャーナリズム論が専門ではなく、メディア文化の研究、オーディエンスの研究を専門にしている。その私がこの本を執筆したことには理由がある。以前在職していた新潟大学の同僚と、『デモクラシー・リフレクション――巻町住民投票の社会学』（リベルタ出版）を2005年に出版した。東北電力が新潟県巻町に予定した原発建設を住民投票で阻止した住民の運動に光を当てた本である。しかし、それ以降私は、原発ルネッサンスといわれる状況に対して、何も発言せず、何も行動せず、何も研究しなかった。3・11大震災と津波を直接の契機とした「人災」原発過酷事故を前に、強い自責の念にとらわれた。それが、本書を執筆した一つの動機である。

2011年9月下旬にようやく映像資料が揃い、3月11日から3月31日までの期間のNHKと民放キー局四局の映像を見続けた。最初の五日間は二四時間すべて震災と原発事故報道だったこともあり、全体で八〇〇時間くらいの分量だろう。動物行動学者が何カ月も何年も動物の生態を観察するよりはずっと短いが、番組映像を二カ月ほど見続けた。全局を実際に見て検証する意味は十分にあったと思う。

短期間で執筆できたのは、堀口剛さん（東京大学大学院博士課程）、福田朋実さん（東洋大学大学院博士課程）、早稲田大学大学院政治学研究科ジャーナリズム・コースに在籍する伊藤ゼミの院生、学部のゼミ生の協力があったからである。ありがとう。また、国立情報学研究所の高野明彦氏、北本朝展氏、防災科学技術研究所の坪川博彰氏、三浦伸也氏、東北大学の坂田邦子氏からは貴重なデータを提供していただき、また有意義な議論の場を設けていただいた。感謝申し上げたい。最後に、無謀な、しかも地味な検証作業による知見をまとめることをお引き受けいただいた平凡社編集部の及川道比古さんにお礼を申し上げたい。約一カ月半でまとめることができたのは、及川さんの適切な助言があったからこそである。また、制作についてはフリー編集者の杉村和美さんにもお世話になった。ありがとうございました。

なお、本書は、国立情報学研究所共同研究プログラム「NII研究用テレビジョン放送アーカイブを用いた東日本大震災の社会的影響の学術研究」の研究成果の一部である。

二〇一二年一月一一日

伊藤守

引用参照文献

伊藤守「集合知」、『早稲田学報』第１１９０号、早稲田大学校友会、２０１１年

伊藤守「除染」、『早稲田学報』第１１９１号、早稲田大学校友会、２０１２年

伊藤守「タルドのコミュニケーション論再考――コンピュータと接続するモナドの時代に」、正村俊之編『コミュニケーション理論の再構築』勁草書房、２０１２年

今中哲二「チェルノブイリ事故による死者の数」、http://www.rri.kyoto-u.ac.jp/NSRG/tyt2004/imanaka-2.pdf（『原子力資料情報室通信』第３８６号、２００６年８月、に加筆したもの）

今中哲二「〝１００ミリシーベルト以下は影響ない〟は原子力村の新たな神話か？」、『科学』第81巻第11号（11月号）、岩波書店、２０１１年

小田桐誠「震災・原発事故とテレビ――ＮＨＫ・民放の初動70時間を検証する」、メディア総合研究所編集『放送レポート』第２３２号、第２３３号、第２３４号、大月書店、２０１１年～２０１２年

北本朝展「ＳＰＥＥＤＩによる放射性物質拡散シミュレーション――理想と現実の狭間から見えてきた問題」、『数学セミナー』第50巻第12号（12月号）、日本評論社、２０１１年

木村真三「専門家としての良心をもってデータを公開しなければならない――福島・汚染地図から見えるもの」、『世界』第８２１号（９月号）、岩波書店、２０１１年

佐藤崇「福島第一原発・水素爆発の瞬間～ＮＮＮ特番がスクープした『フクシマ』」、『社報日テレ』第４

６１号、２０１１年
白石草「『安全キャンペーン』に抗する福島の親たち」、『世界』第８２０号（８月号）、岩波書店、２０１１年
鈴木康弘・渡辺満久・中田高「福島第一原発を襲った津波の高さについての疑問」、『科学』第81巻第９号（９月号）、岩波書店、２０１１年
高木仁三郎『原発事故はなぜくりかえすのか』岩波新書、２０００年
武田徹『原発報道とメディア』講談社現代新書、２０１１年
田中幹人「科学技術情報のあり方――これからの三〇年に向けて」、『早稲田学報』第１１８８号、早稲田大学校友会、２０１１年
徳田雄洋『震災と情報――あのとき何が伝わったか』岩波新書、２０１１年
七沢潔『原発事故を問う――チェルノブイリから、もんじゅへ』岩波新書、１９９６年
七沢潔「『放射能汚染地図』から始まる未来――ポスト・フクシマ取材記」、『世界』第８２０号（８月号）、岩波書店、２０１１年
福長秀彦「原子力災害と避難情報・メディア――福島第一原発事故の事例検証」、ＮＨＫ放送文化研究所編『放送研究と調査』第61巻第９号（９月号）、ＮＨＫ出版、２０１１年
吉岡斉「福島原発震災の政策的意味」、『現代思想』第39巻第７号（５月号）、青土社、２０１１年
吉岡斉「福島原発事故と科学者の社会的責任」、『科学』第81巻第９号（９月号）、岩波書店、２０１１年
Sharon R. Krause. *Civil Passions: Moral Sentiment and Democratic Deliberation*. Princeton University Press, 2008.

ウルリッヒ・ベック、鈴木宗徳・伊藤美登里編『リスク化する日本社会――ウルリッヒ・ベックとの対話』岩波書店、２０１１年

Michael Hardt & Antonio Negri. *Commonwealth*. The Belknap Press of Harvard University Press, 2009.

Antonio Negri. *Goodbye Mr Socialism*. Giangiacomo Feltrinelli Editore, Milano, 2006.（アントニオ・ネグリ著、廣瀬純訳『未来派左翼――グローバル民主主義の可能性をさぐる（上）（下）』日本放送出版協会、２００８年）

Gilles Deleuze. *Difference et Repetition*. Presses Universitaires de France, 1968.（ジル・ドゥルーズ著、財津理訳『差異と反復』河出書房新社、１９９２年）

Gilles Deleuze. *Le Pli: Leibniz et le baroque*. Les Editions de Minuit, 1988.（ジル・ドゥルーズ著、宇野邦一訳『襞――ライプニッツとバロック』河出書房新社、１９９８年）

Howard Bloom. *Global Brain: The Evolution of Mass Mind from the Big Bang to the 21st Century*. John Wilry & Sons Inc, 2000.

Scott E. Page. *The Difference: How the Power of Diversity Creates Better Groups, Firms, Schools, and Societies*. Princeton University Press, 2007.（スコット・ペイジ著、水谷淳訳『多様な意見はなぜ正しいのか――衆愚が集合知に変わるとき』日経ＢＰ社、２００９年）

3月14日	
7時55分	3号機格納容器圧力上昇
11時01分	**3号機爆発**
12時39分	官房長官会見「格納容器の健全性は確保されている」
13時25分	2号機冷却機能喪失
16時16分	官房長官会見
16時34分	2号機海水注入
21時03分	官房長官会見
21時42分	原発敷地内で3100マイクロ Sv 観測
3月15日	
5時30分	福島原子力発電所事故対策統合本部設置
5時40分	官房長官会見
6時10分	**2号機で爆発音**
6時14分	**4号機で爆発音、壁に穴2箇所**
8時00分	保安院会見「圧力抑制室損傷」と発表
8時04分	官房長官会見「放射能の閉じ込めに障害」
8時30分	原発敷地内で8217マイクロ Sv 観測
8時33分	東電会見で記者が「ごまかすの、やめましょう」と発言
9時38分	4号機火災発生
＊NHK「日本の原発で最悪の事態が起きつつある」と報道	
10時22分	3号機付近で400ミリ Sv を観測
11時00分	首相会見「20〜30キロ圏内屋内退避指示」
11時05分	官房長官会見「放射能が人体に影響を及ぼす可能性がある」
15時47分	東電会見「3号機海水注入再開」
3月16日	
5時45分	**4号機火災発生**
8時34分	**3号機白煙を確認**
11時15分	東電、3号機の白煙は使用済核燃料プールからの蒸発と推定
11時15分	官房長官会見「4号機に水を入れる準備」
12時04分	保安院会見「ただちに人体に影響が出る値ではない」
＊この段階でも各局は「人体への影響がある値ではない」と報道	
17時55分	官房長官会見「ただちに人体に影響を及ぼす数値ではない」
18時14分	自衛隊ヘリによる注水を断念
3月17日	
9時48分	自衛隊ヘリによる水の投下
11時28分	防衛大臣会見「今日が限度」
19時35分	自衛隊、地上から3号機に放水
＊各局は放射性物質の飛散を軽視する報道を続ける	

注：＊はテレビ報道の特徴。本表は防災科学技術研究所・東日本大震災タイムラインを基に、筆者と福田朋実が作成

3月11日～17日の福島第一原発事故の主な経過とテレビ報道

3月11日

14時46分　地震発生
15時27分　津波第 一波
15時35分　津波第二波。全交流電源喪失
15時42分　10条通報
16時36分　原発事故官邸対策室設置
16時45分　15条通報「非常用炉心冷却装置（ECCS）注水不能」
＊17時40分、NHK「15条通報」を伝える
19時03分　原子力緊急事態宣言、原子力災害対策本部設置
21時23分　総理、３キロ圏内避難、３キロ～10キロ圏内屋内退避指示
＊各局とも原発事故を伝えるが、電源車到着により電源回復が可能であることを想定した報道

3月12日

１時30分　東電、経済産業大臣に１号機のベントを申し入れ
３時20分　官房長官会見、1号機ベントを予定と発言
５時44分　総理、10キロ圏内避難指示
５時46分　１号機連続注水作業開始
＊専門家による、フリップを用いた原子炉の健全性を強調する解説報道
６時50分　経済産業大臣、１号機のベント命令
10時17分　１号機 S/C(圧力抑制室）ベント弁によるベント作業開始
11時36分　３号機、原子炉隔離時冷却系＝RCIC が停止
12時35分　３号機、高圧注水系＝HPCI が起動
13時45分　原子力安全・保安院、「炉心溶融」言及
15時36分　**１号機爆発（＊日本テレビ系の福島中央テレビが速報）**
＊16時50分前後に１号機爆発を日本テレビ、NHK、フジテレビが伝える
18時25分　総理、20キロ圏内避難指示
19時04分　１号機海水注入
20時41分　官房長官会見「1号機格納容器破損はない」

3月13日

２時42分　３号機 HPCI を手動停止、注水不能
４時40分　保安院、原発事故レベル４を宣言
５時58分　３号機、ECCS 不能
８時41分　３号機格納容器ベントライン構成完了
９時25分　３号機淡水注入開始（12時20分淡水枯渇）
＊各局は「核燃料棒の一部損傷は一つの可能性にとどまる」と報道
10時48分　正門付近で1015マイクロ Sv 観測
13時12分　３号機海水注入
17時20分　保安院会見「３号機爆発の可能性」に言及
18時00分　官房長官会見「放射能による健康被害はない」

【著者】
伊藤守（いとう まもる）
1954年山形県生まれ。早稲田大学教育・総合科学学術院教授。同大学メディア・シティズンシップ研究所所長。専攻は社会学、メディア・スタディーズ。著書に『記憶・暴力・システム――メディア文化の政治学』（法政大学出版局）、共著に『デモクラシー・リフレクション――巻町住民投票の社会学』（リベルタ出版）、編書に『テレビニュースの社会学』（世界思想社）、『メディア文化の権力作用』（せりか書房）、共訳書にシルバーストーン『なぜメディア研究か』（せりか書房）などがある。

平凡社新書631

ドキュメント
テレビは原発事故をどう伝えたのか

発行日――2012年3月15日 初版第1刷

著者――伊藤守

発行者――石川順一

発行所――株式会社平凡社
東京都文京区白山2-29-4 〒112-0001
電話 東京（03）3818-0743［編集］
東京（03）3818-0874［営業］
振替 00180-0-29639

印刷・製本―株式会社東京印書館

装幀――菊地信義

ISBN978-4-582-85631-6
NDC 分類番号070 新書判（17.2cm） 総ページ264
平凡社ホームページ http://www.heibonsha.co.jp/